普通高等教育工业设计专业规划教材

设计图学习题集

第2版

段齐骏　李桂红　曾山　编

机 械 工 业 出 版 社

本习题集是“普通高等教育‘十一五’国家级规划教材”《设计图学（第2版）》（段齐骏主编）的配套习题集。其内容与主教材对应，包括工程图样绘制的基本方法与国家标准、投影原理、画法几何基础、形体三面视图、机件表达方法、构型方法训练、形体特征表达的轴测投影图、阴影与透视图、展开图与包装展开图、螺纹与螺纹联接件画法、典型零件图与装配图画法等内容。本习题集根据主教材在内容上的调整情况，为更好地满足从“设计”角度切入教学的需要，在第1版的基础上增加了迹点、构型训练有关契合结构、包装展开图、典型产品外型构件零件图方面的训练，删减了第3章换面法的部分作业，置换了部分零件图习题，增加了AutoCAD软件学习的练习要求。

本习题集可供高等学校工业设计、艺术设计等设计艺术类专业选用。可适应不同学时、不同进度、不同要求的专业教学需要，由教师优选组合，使用方便。

本习题集附有习题解答，向授课教师免费提供，联系方式请参见习题集后的“读者信息反馈表”。

图书在版编目（CIP）数据

设计图学习题集/段齐骏等编. —2版. —北京：机械工业出版社，2008.6（2026.1重印）
普通高等教育工业设计专业规划教材
ISBN 978-7-111-12193-0

Ⅰ. 设…　Ⅱ. 段…　Ⅲ. 工程制图-高等学校-习题　Ⅳ. TB23-44

中国版本图书馆CIP数据核字（2008）第071916号

机械工业出版社（北京市百万庄大街22号　邮政编码100037）
责任编辑：冯春生　　责任校对：刘志文
责任印制：刘　媛

北京建宏印刷有限公司印刷
2026年1月第2版第11次印刷
370mm×260mm · 20.5印张 · 253千字
标准书号：ISBN 978-7-111-12193-0
定价：49.00元

凡购本书，如有缺页、倒页、脱页，由本社发行部调换
电话服务　　网络服务
服务咨询热线：（010）88379833　　机 工 官 网：www.cmpbook.com
读者购书热线：（010）88379649　　机 工 官 博：weibo.com/cmp1952
教育服务网：www.cmpedu.com
金 书 网：www.golden-book.com

第 2 版前言

编写第 1 版教材时，原没有打算编写习题集，但考虑到教材使用过程中的实际需要，还是很仓促地选编了一些与教材内容对应的习题，完成了出版社的一项指定任务。所以，源于对专业认识的肤浅，也因为时间紧迫，整个习题集的制作相对粗糙，存在很多的问题，给使用者带来了不少困惑。因此，在习题集修订之际，谨借此前言，先向各位老师、同学致歉。

第 2 版《设计图学》沿袭了原有的结构，分为 10 章，第 1、2 章为绪论与工程图样绘制的基本方法、国家标准介绍；第 3、4、9 章介绍投影原理、几何要素投影特性、形体三面视图、机件表达方法、构型基本方法、造型语意及 AutoCAD 软件的基本功能及使用方法；第 5、7、8 章就形体特征的表达，介绍了轴测投影图、阴影与透视图等表达基本理论；第 6 章为展开图与包装展开；第 10 章介绍零件图与装配图的画法及产品设计中常见的工艺结构；附录分为两部分，一部分为计算机辅助设计方法及应用软件的介绍，另一部分是产品设计中涉及到的国家标准。在第 1 版的基础上，将有关的内容面向专业特征展开，使之与专业的教育目标更加吻合。

习题集的内容与《设计图学》第 2 版教材对应，包括工程图样绘制的基本方法与国家标准、投影原理、画法几何基础、形体三面视图、机件表达方法、构型方法训练、形体特征表达的轴测投影图、阴影与透视图、展开图与包装展开图、螺纹与螺纹联接件画法、典型零件图与装配图画法等内容。本习题集根据主教材在内容上的调整情况，为更好地满足从“设计”角度切入教学的需要，在第 1 版的基础上增加了迹点、构型训练有关契合结构、包装展开图、典型产品外型构件零件图方面的训练，删减了第 3 章换面法的部分作业，置换了部分零件图习题，增加了 AutoCAD 软件学习的练习要求。

本习题集可以适应不同学时、不同进度、不同要求的专业教学需要，由教师优选组合，使用方便。

本习题集附有习题解答，向授课教师免费提供。

本习题集是在第 1 版基础上修订完成的，参与修订工作的老师有段齐骏、李桂红、曾山。

由于作者水平有限，缺点与错误在所难免，恳请广大读者批评指正。

编　者

于南京理工大学

第1版前言

根据“设计图学”课程所要达到的基本教学要求，为保证教学质量，统一考核要求，方便教师命题及满足相关专业人员的学习与训练，特编制本习题集。

本习题集收集的习题，旨在根据制图国家标准，结合“工业设计”专业的要求与特色，为本专业的学生与专业技术人员提供空间思维、构思能力与形象思维表达能力的训练手段，奠定专业技术人员产品设计与表达的基本技能基础。

《设计图学》共分10章，第1、2章为绪论与工程图样绘制的基本方法与国家标准介绍；第3、4、9章介绍投影原理、几何要素投影特性、形体三面视图、机件表达方法、构型基本方法、造型语意及AutoCAD软件的基本功能及使用方法；第5、7、8章就形体特征的表达，介绍了轴测投影图、阴影与透视图等表达基本理论；第6章为展开图与包装展开；第10章介绍零件图与装配图的画法及产品设计中常见的工艺结构；附录分为两部分，一为计算机辅助设计方法及应用软件的介绍，另一部分是产品设计中涉及到的国家标准。另外，全书还附有部分彩页，用于介绍一些优良产品的设计示例和Pro/E软件的基本功能。全书的基本特点是充分利用图例，加大教材本身所蕴涵的信息量，充分发挥教材的基本作用。

习题集的内容与《设计图学》教材相对应，包括工程图样绘制的基本方法与国家标准、投影原理、画法几何基础、形体三面视图、机件表达方法、构型基本方法训练、形体特征的表达的轴测投影图、阴影与透视图、展开图与包装展开、螺纹与螺纹联接件画法、零件图与装配图的画法等内容。其中的构型基本方法训练、阴影与透视图，应是本习题集的特色，是任课教师精心编选，以满足专业教学的需要。习题集收录的习题，题量适中，内容覆盖面广，适合工业设计专业及相关专业的学生与专业技术人员选用。

本习题集可以适应不同学时、不同进度、不同要求、不同时间的专业需要，由教师优选组合，使用起来方便、灵活。

本习题集附有习题解答，向授课教师免费提供，联系方式见主教材上的“信息反馈表”。

参与《设计图学》习题集编制的老师有段齐骏、李桂红、曾山。另外还得到了宗士增、周建平、司相凯、杨锦文、谢丽萍等老师的热情帮助，在此一并表示感谢。

由于时间仓促，作者水平有限，习题集中错误与不妥在所难免，恳请广大读者批评指正。

编　者

于江苏南京

目　录

2－1　尺寸注法练习。

(1) 注写尺寸：在给定的尺寸线上画出箭头，填写尺寸数字（尺寸数值按1:1从图中量取，取整数）。

线性尺寸

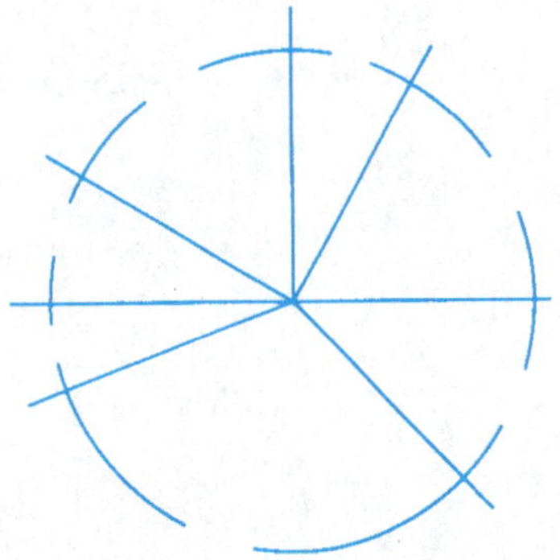

角度尺寸

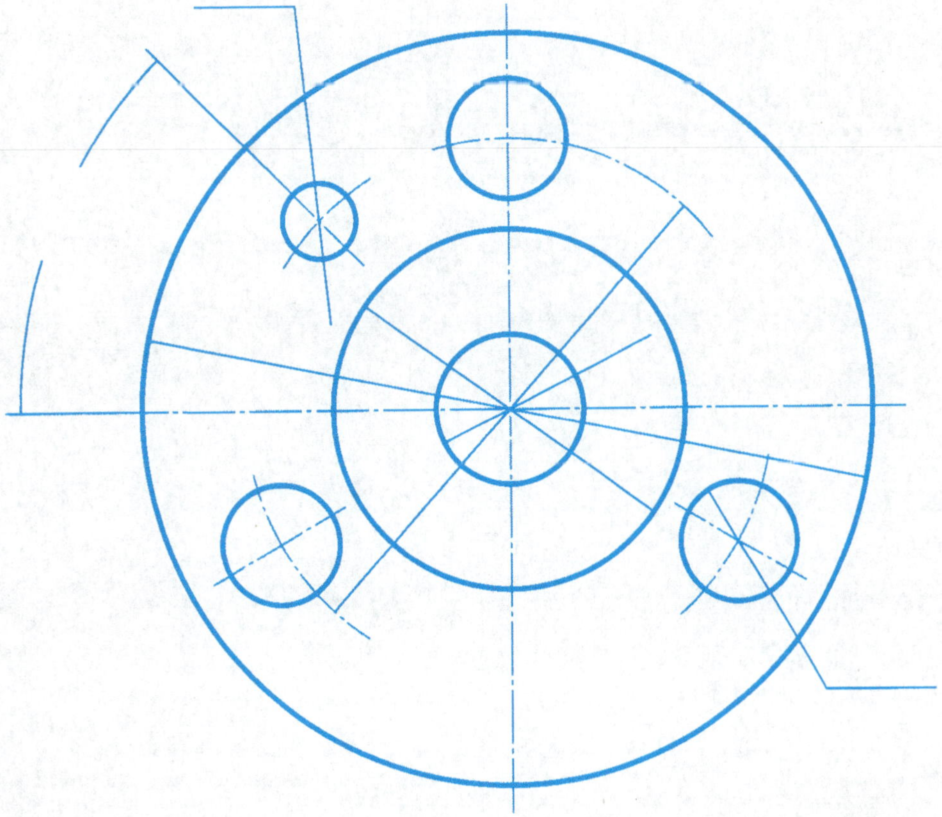

(2) 尺寸注法改错：查出尺寸标注的错误，并在右边空白图上正确标注。

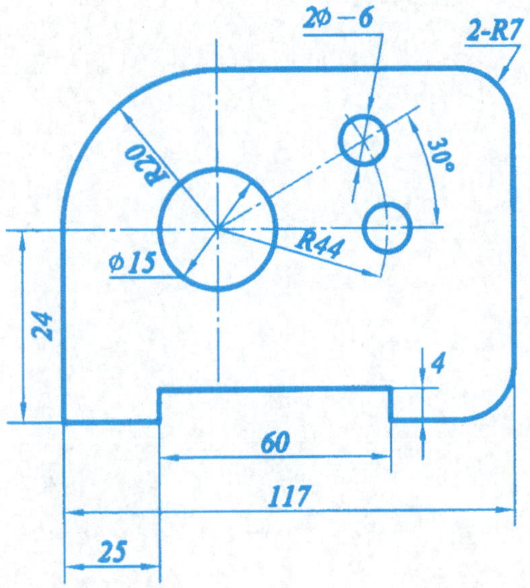

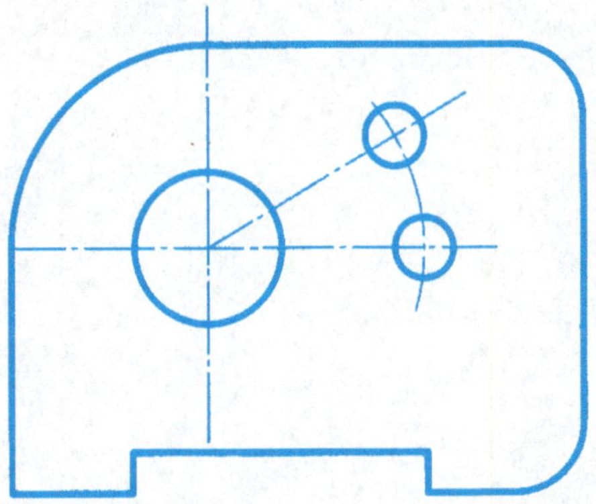

(3) 分析下列平面图形并标注尺寸。

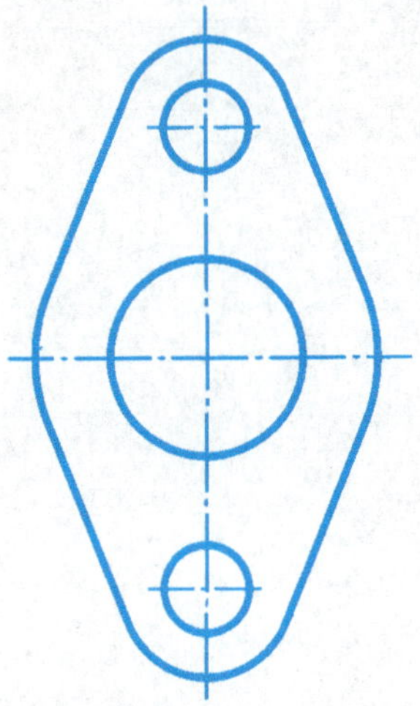

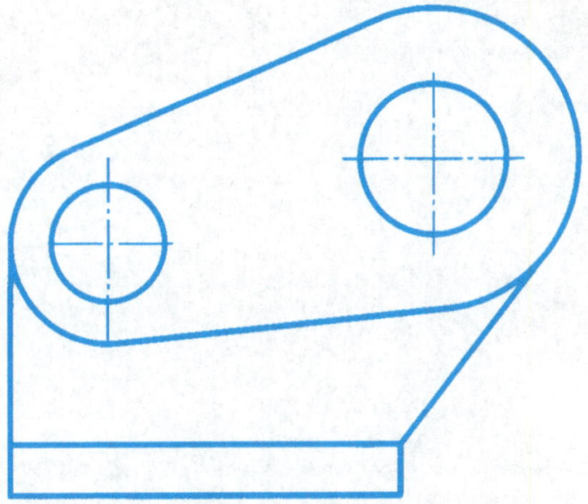

2－2　根据所给尺寸，按比例 1∶1 抄画下图。

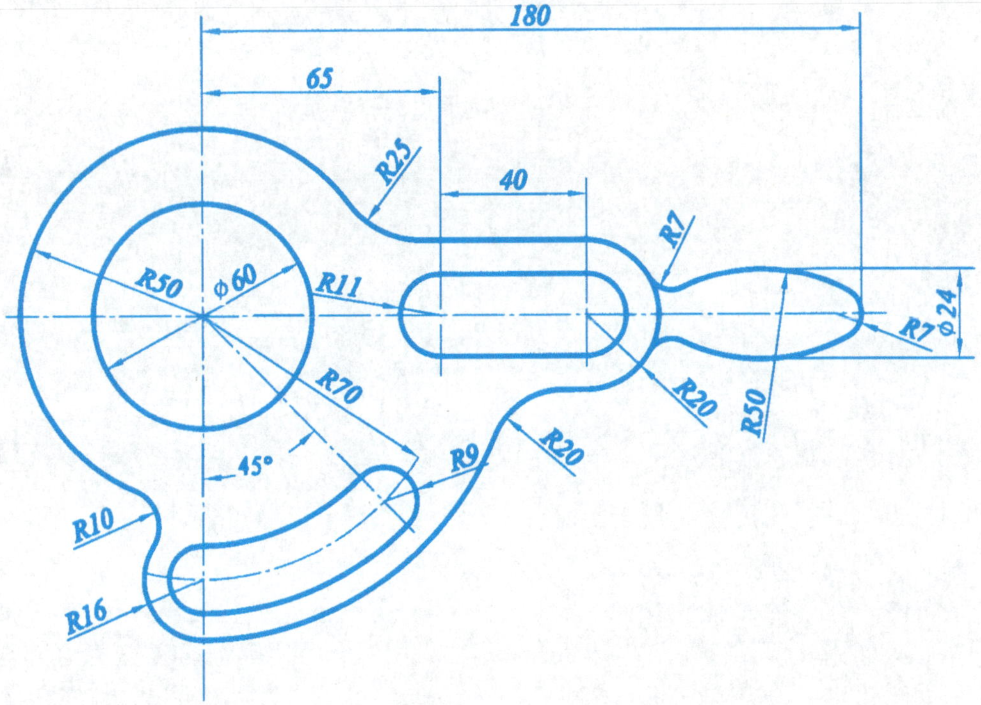

3-5　试判别下列各直线对投影面的相对位置，并画出其第三投影。

(1)

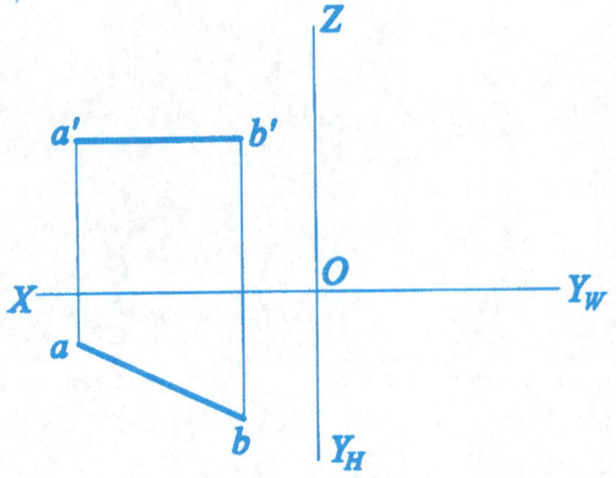

AB是____________线

(2)

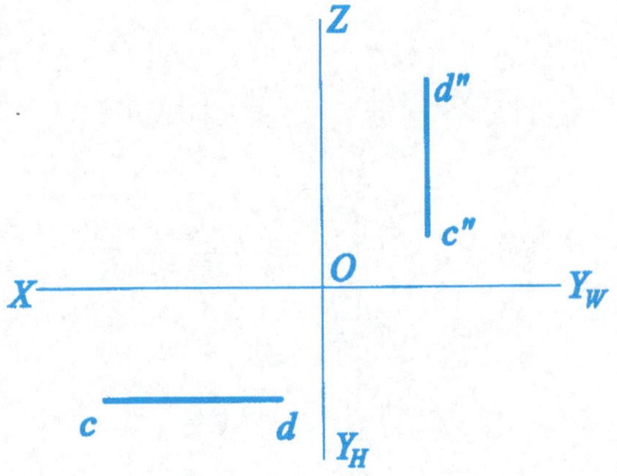

CD是____________线

(3)

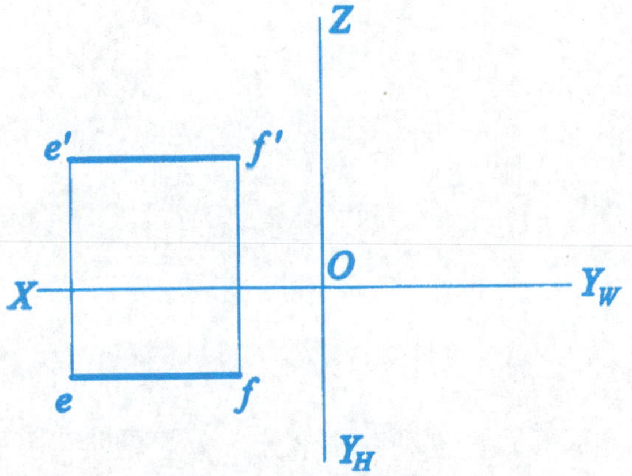

EF是____________线

(4)

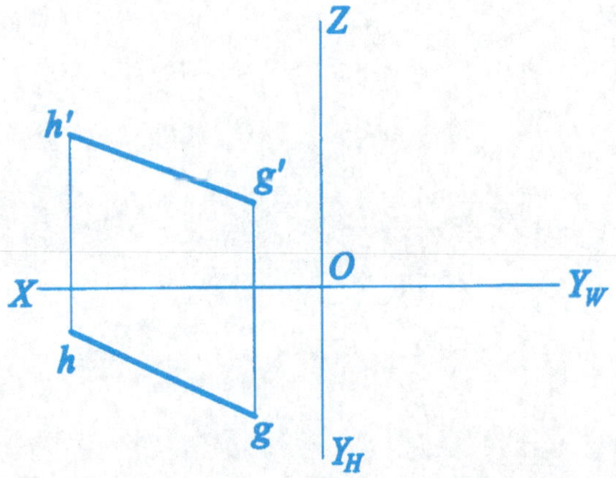

GH是____________线

3-6　已知A点，作水平线AB的三面投影，使AB=20mm，β=45°（B点在A点的右侧）。

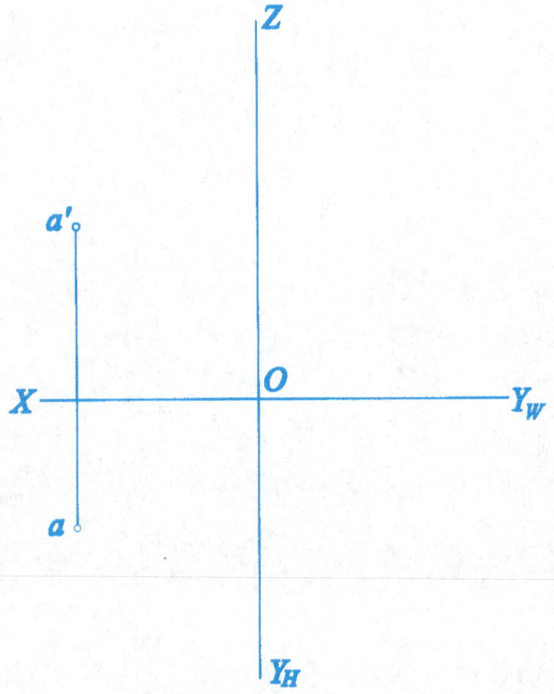

3-7　已知A点的两面投影，又知B点在A点的左方20mm，前方15mm，上方10mm处，求线段AB的三面投影。

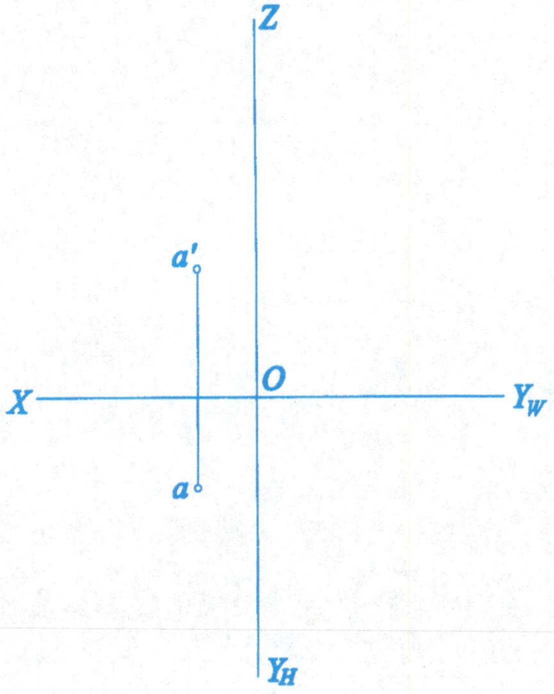

3-8　按已知条件完成直线的三面投影。

(1) AB是侧平线，距W面18mm；

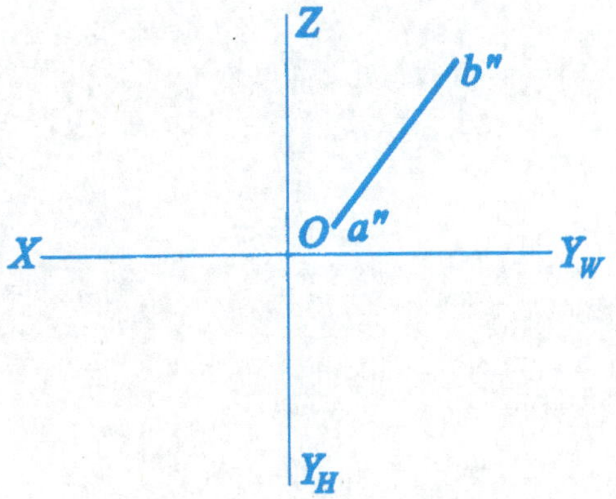

(2) CD是一般位置直线，C点在V面前方22mm，D点属于V面；

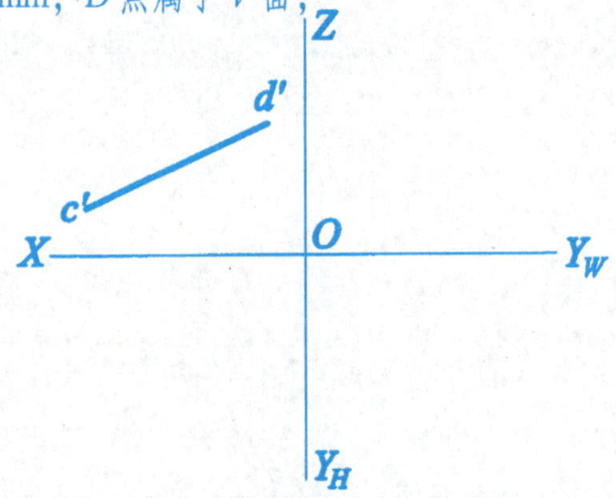

(3) EF是正垂线，在H面上方20mm处；

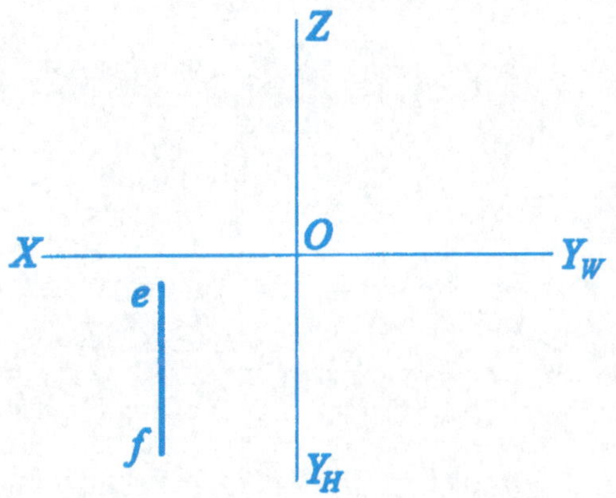

(4) GH是正平线，长度为25mm，H点在G点的下方。

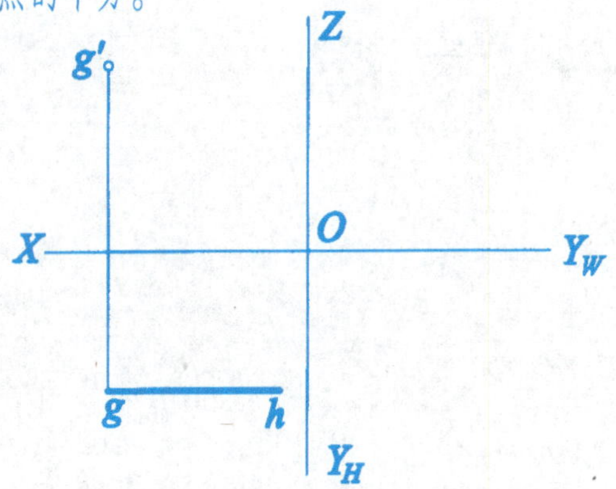

点属于直线，直角三角形法求线段实长

3－9　在线段 *AB* 上取一点 *K*，使 *AK*: *KB*＝1:2，求点 *K* 的两面投影以及线段 *KB* 的实长；并求 *AB* 的正面迹点 *N* 和水平迹点 *M* 的投影。

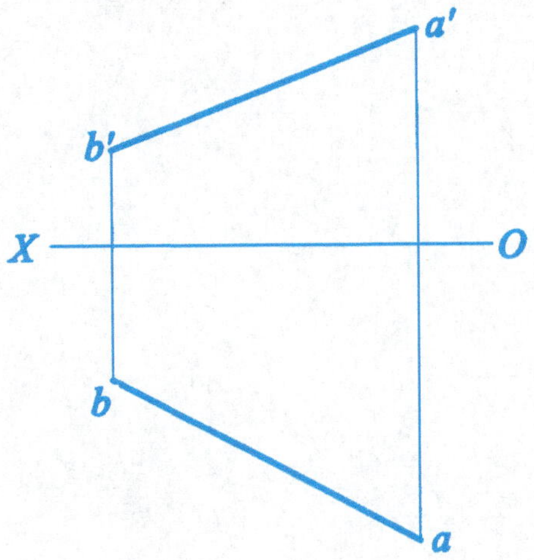

3－10　已知线段 *AB* 的两面投影，求 *AB* 的实长和对 *W* 投影面的倾角。

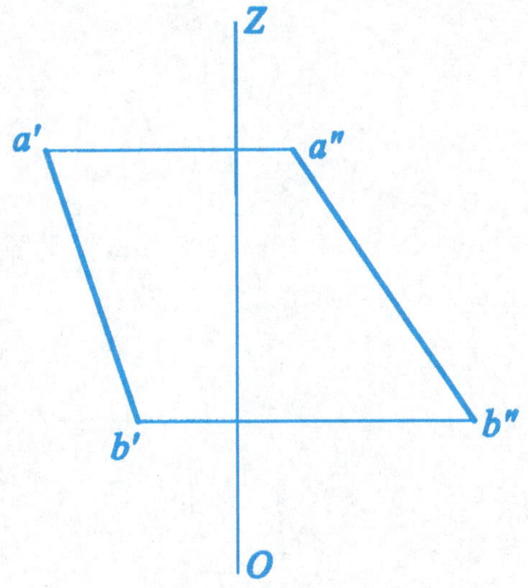

3－11　已知线段 *CD* 的投影，求属于 *CD* 的点 *K* 的投影，使 *CK* 长为 25mm。

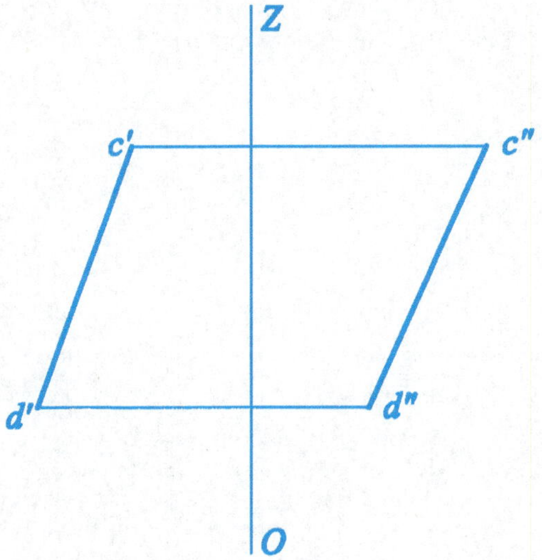

3－12　根据已知条件，完成线段 *AB* 的投影。

(1) *AB* 实长为 25mm；　　(2) *AB* 对 *V* 面倾角 $\beta=30°$。

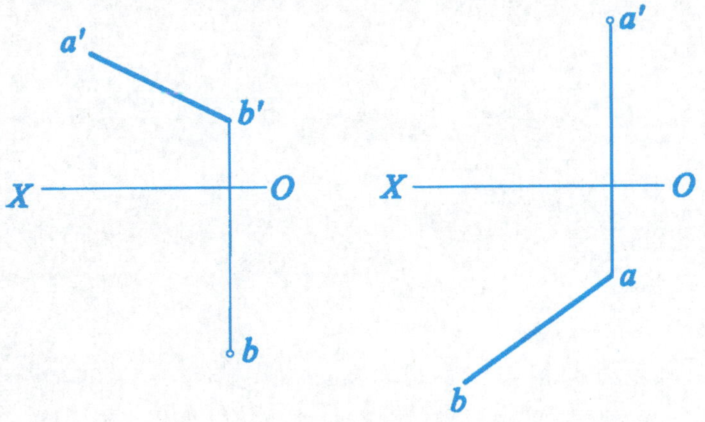

3－13　画出直线的第三投影，并根据已知条件在直线上取一点 *K*，画出点 *K* 的三面投影。

(1) *K* 点距 *V* 面 20mm；　　(2) *K* 点与 *V*、*H* 两投影面的距离之比为 3:2。

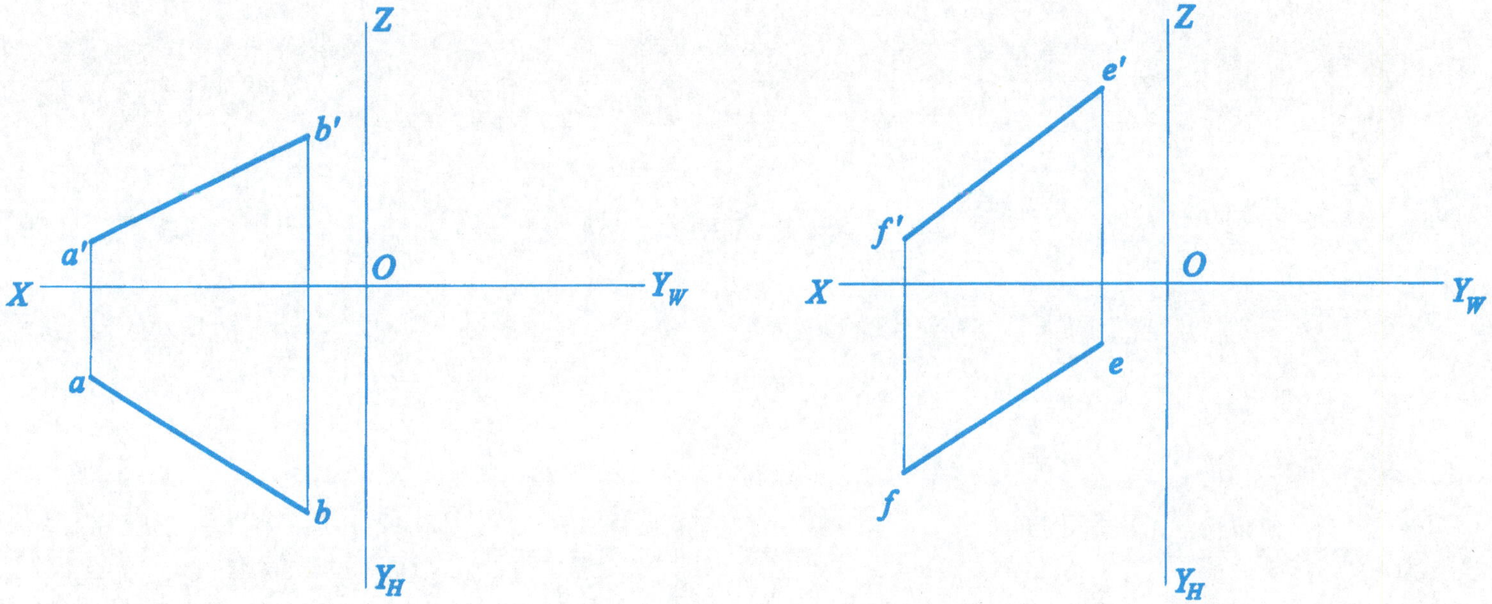

属于平面的点和直线

3－14　补全平面多边形的两面投影。

(1)

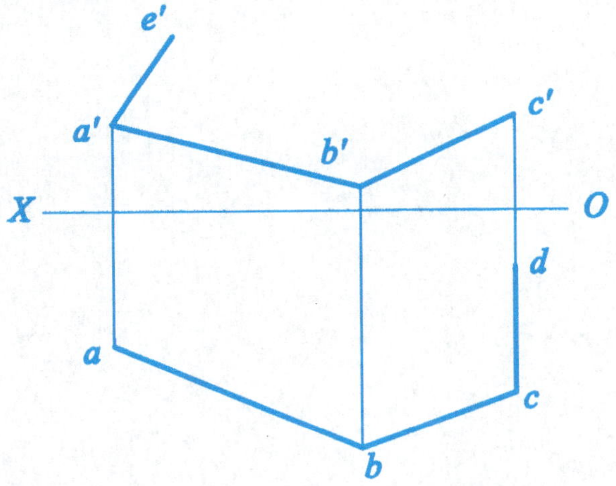

(2)

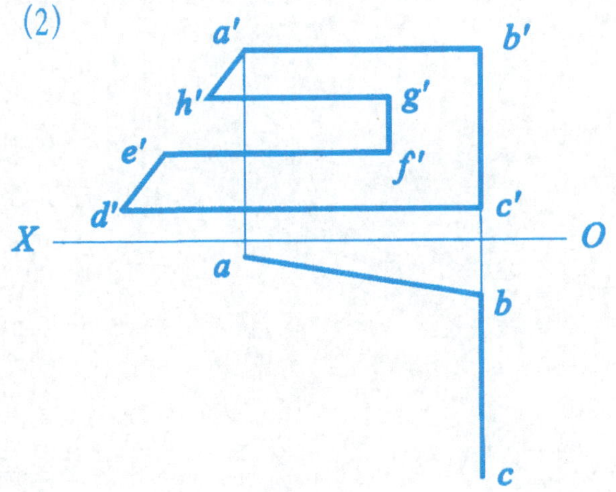

(3)

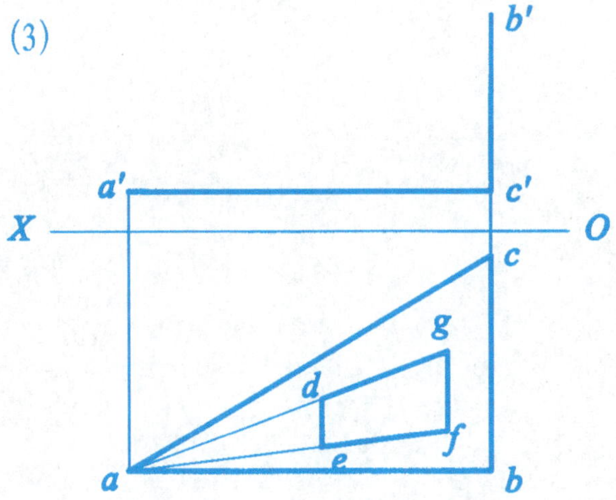

3－15　已知点 E、F 均属于平面 ABCD，求 e′和 f。

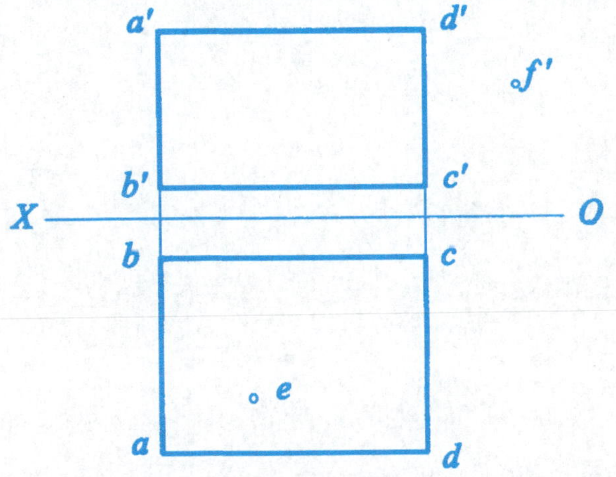

3－16　在 AB、BC 二直线所确定的平面内取一点 K，使其距 H 面 15mm，距 V 面 20mm。

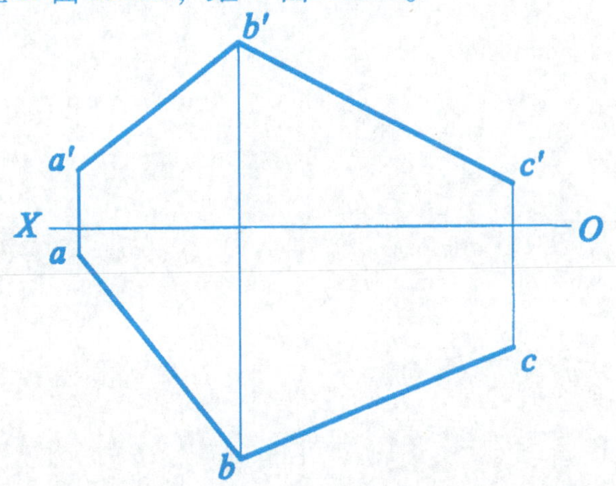

3－17　已知直线 EF 属于平面 ABC，求 ef。

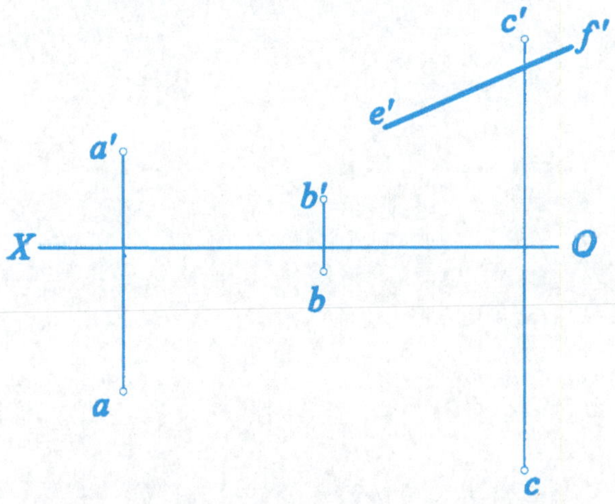

3－18　试判别直线 AD、BE 是否属于平面 ABC。

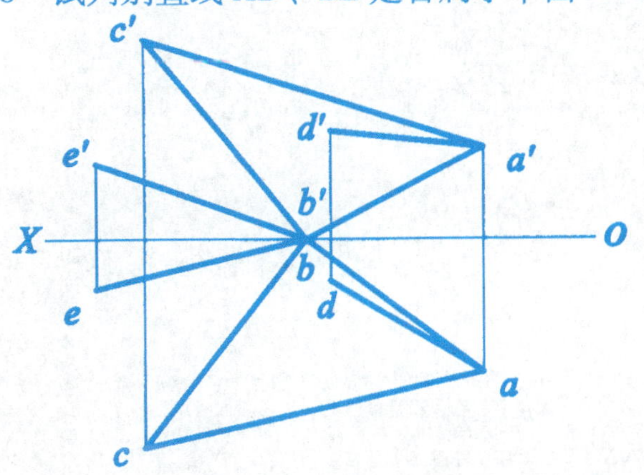

AD ＿＿＿＿＿平面　BE ＿＿＿＿＿平面

3－19　已知水平线 AD 属于平面 ABC，求 AD 的投影。

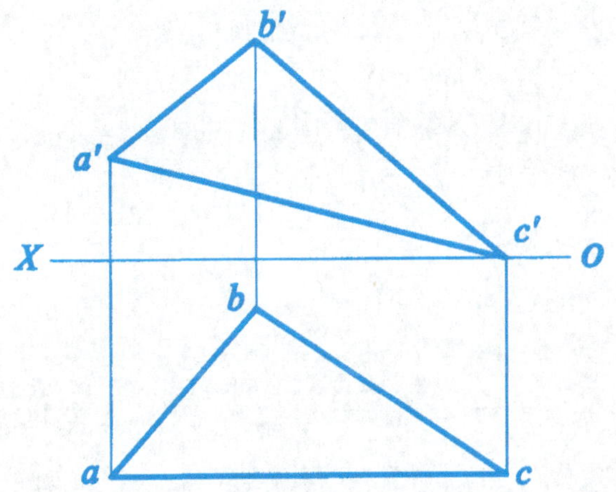

3－20　求平面 P 的迹线。已知 AB 为平面 P（EF 平行 GH）内的一条正平线，求 a′b′。

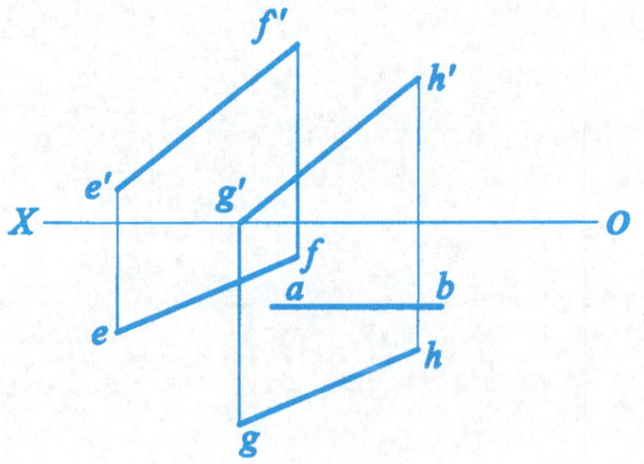

两直线的相对位置

3－21　试判别下列两直线的相对位置（平行、相交、交叉），若有重影点，应判别可见性。第（4）～（6）小题应作出侧面投影。

(1)

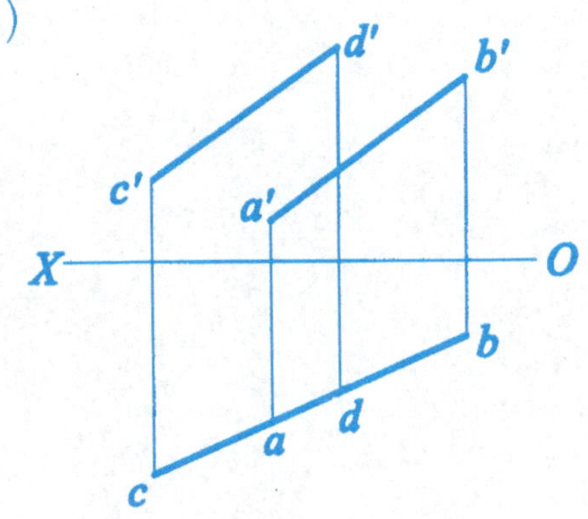

______

(2)

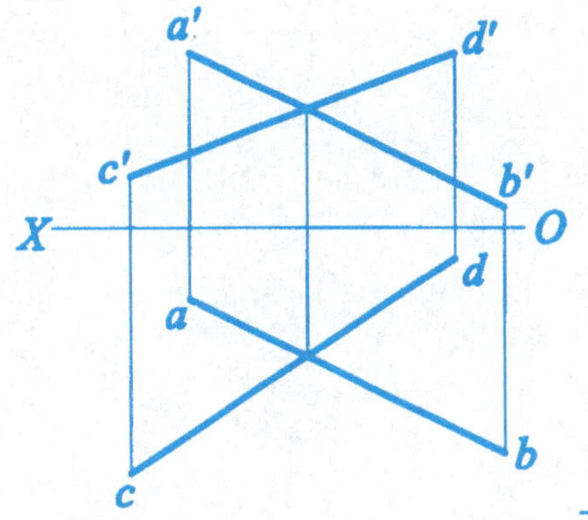

______

(3)

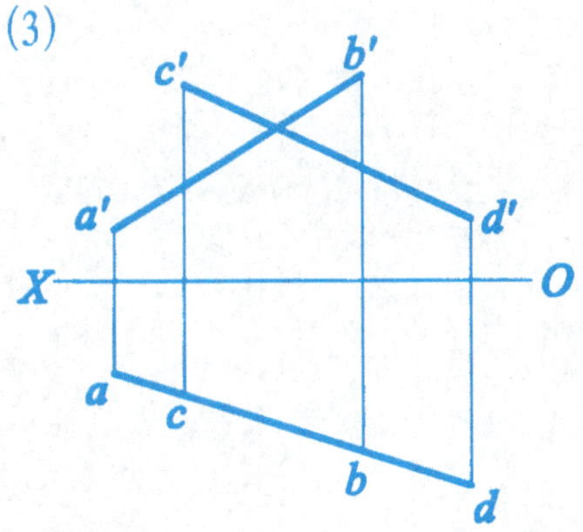

______

(4)

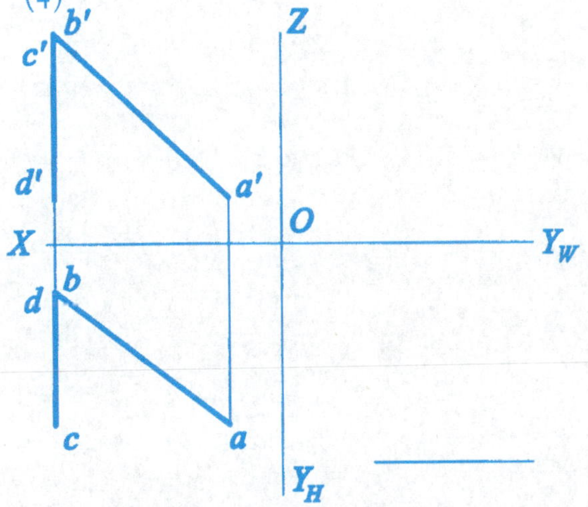

______

(5)

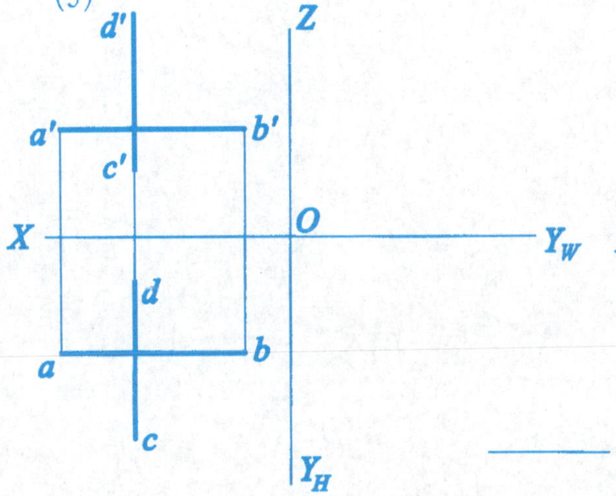

______

(6)

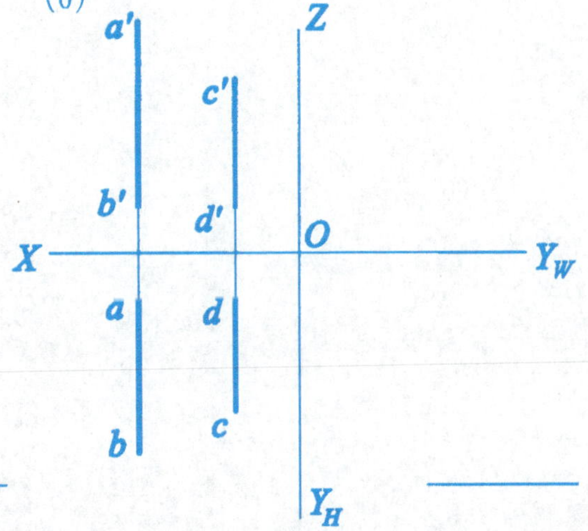

______

3－22　根据已知条件，求作直线的投影。

(1) $AB/\!/CD$，B 点的 X 坐标为 b_x；

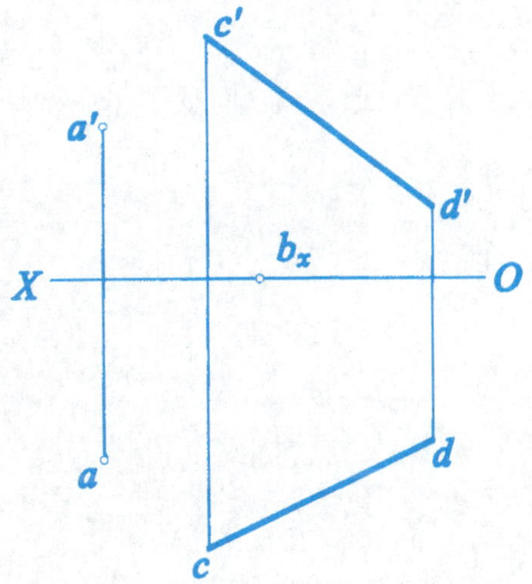

(2) $MN/\!/AB$，与 CD、EF 均相交；

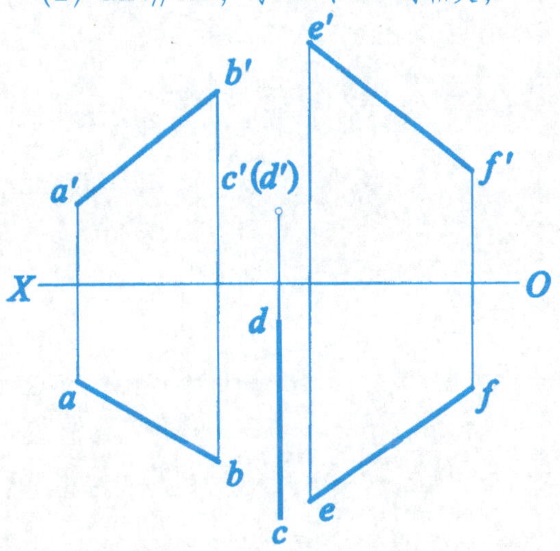

(3) 水平线 LMN 与 AB、CD、EF 分别交于 L、M、N 点。

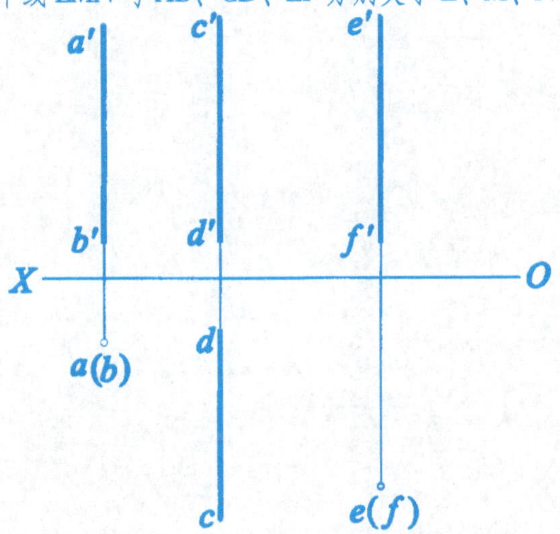

3－23　作直线 EF 与已知直线 AB、CD 相交。

(1) EF 为正平线且在 V 面前方 15mm；

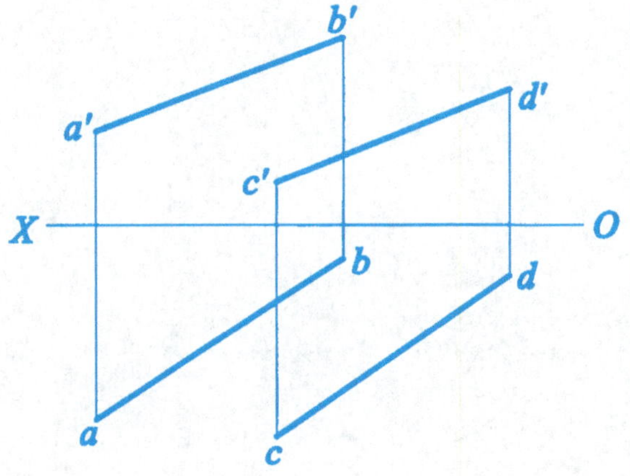

(2) EF 为水平线且在 H 面上方 10mm。

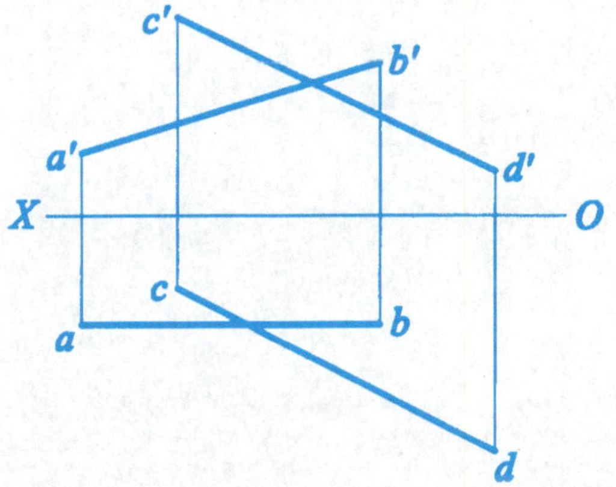

3－24　判别两直线是否垂直。

(1)

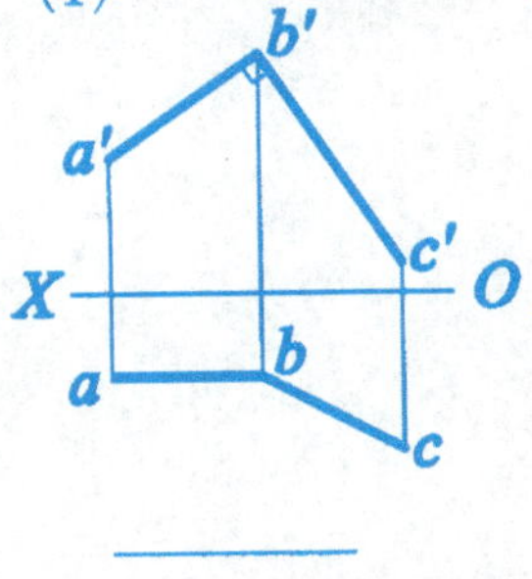

(2)

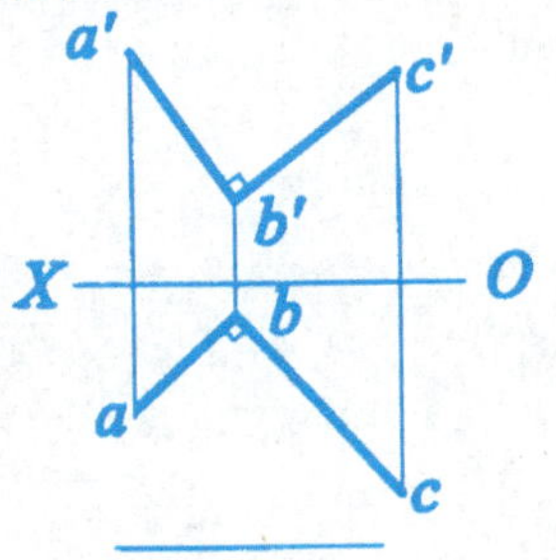

(3)

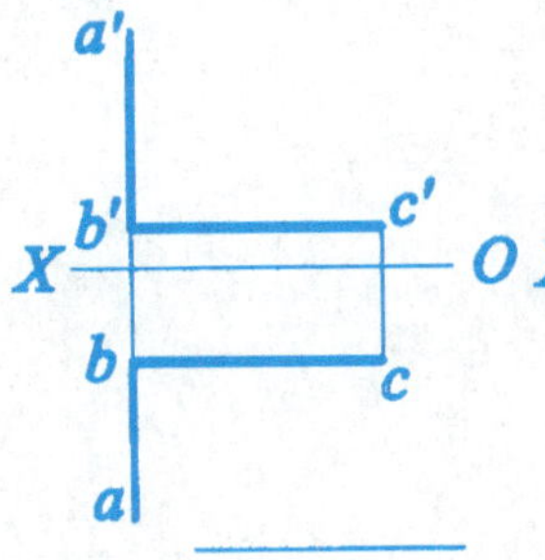

(4)

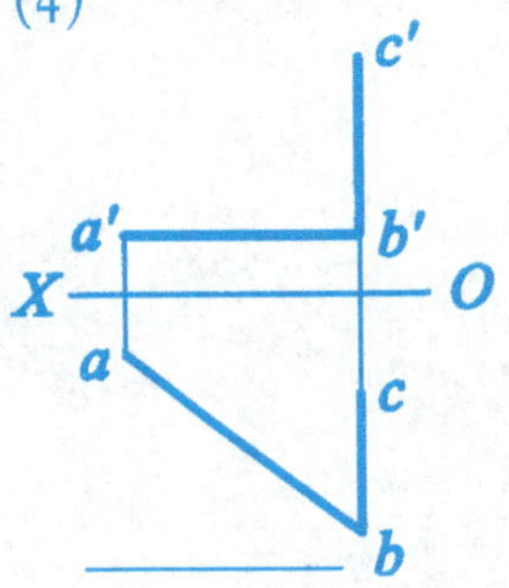

3－25　求 C 点到直线 AB 的真实距离。

(1)

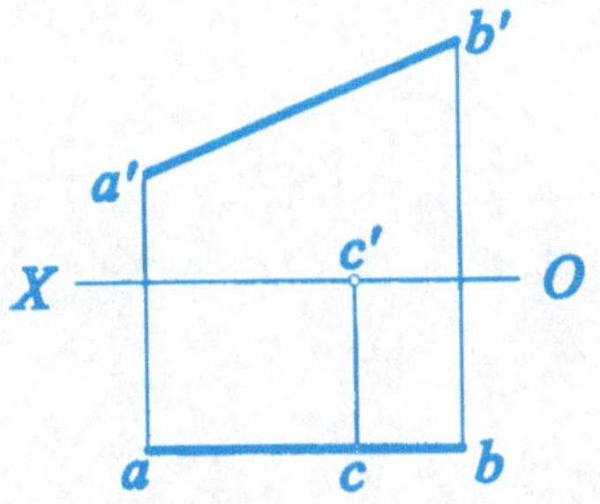

(2)

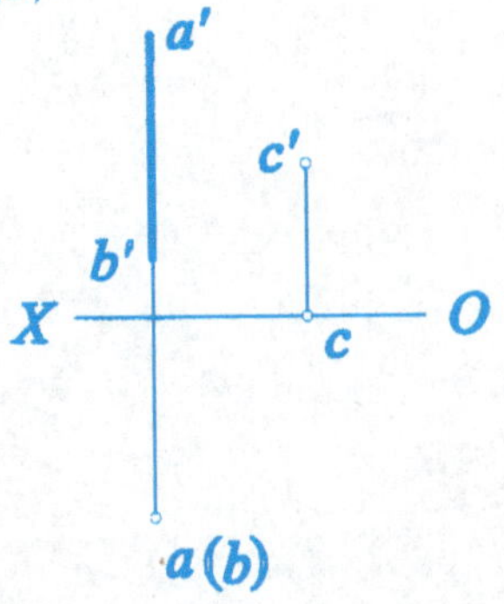

(3)

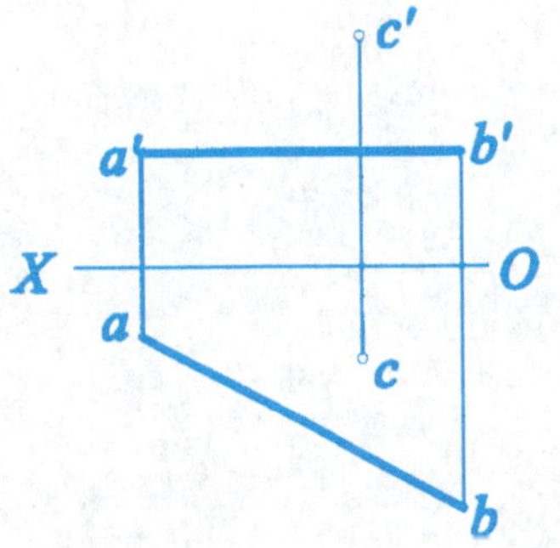

3－26　求 AB、CD 两直线公垂线的投影，并确定其实长。

(1)

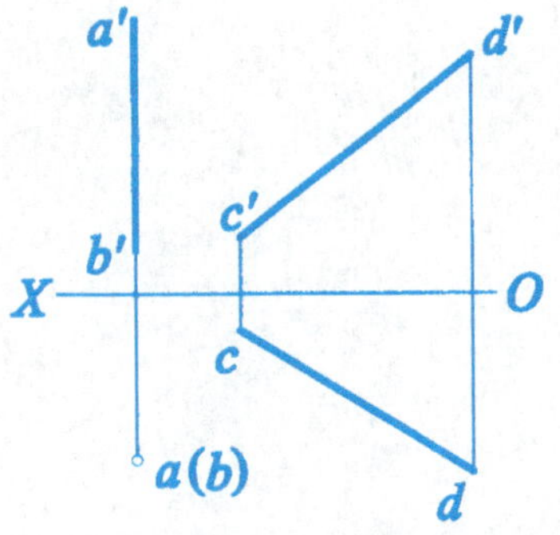

(2)

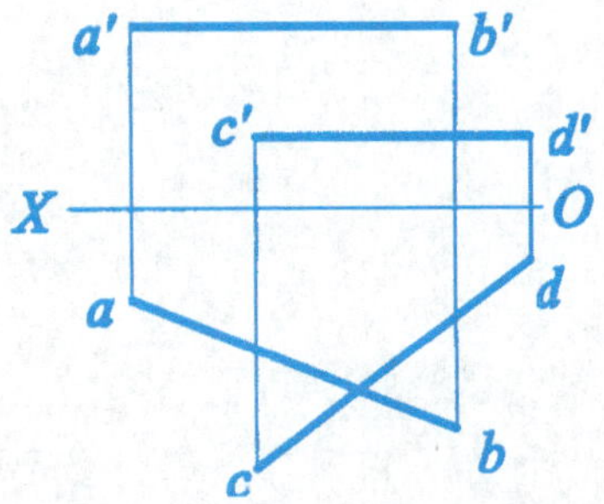

3－29　过△ABC 的顶点 C 作平面对 H 面的最大斜度线和倾角 α。

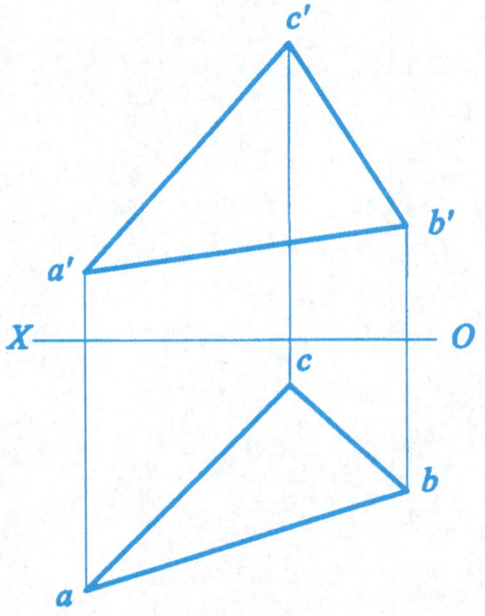

3－27　过 K 点作直线 EF，使其与直线 CD 正交。

(1)

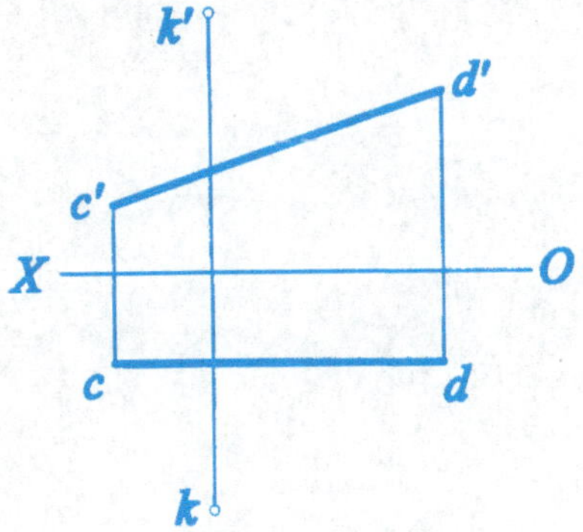

(2)

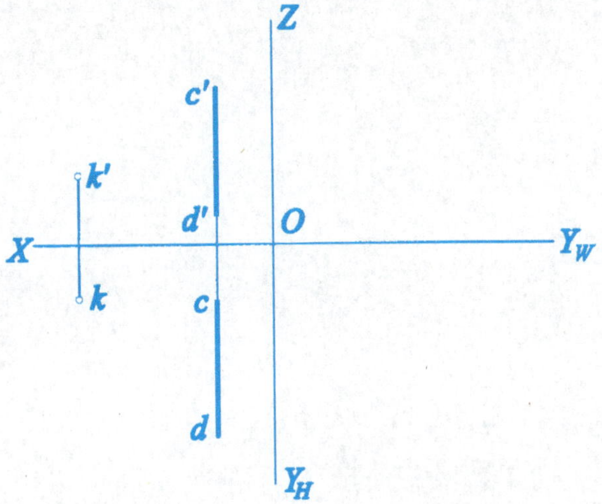

3－28　已知正垂线 AB 到直线 CD 的距离为 20mm，求 a′b′。

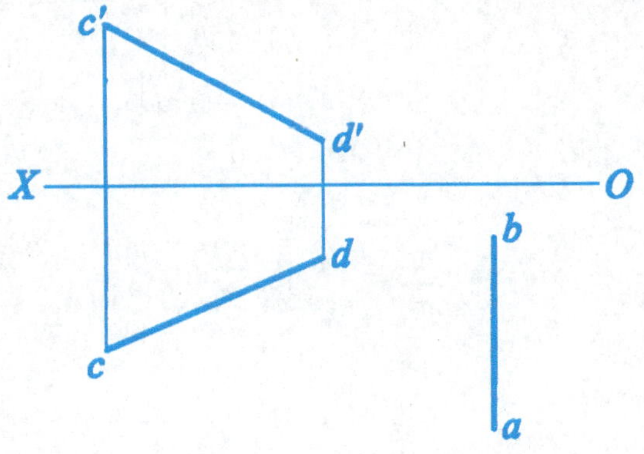

3－30　一小球自斜坡 ABCD 的 A 点处自由滚下，求其滚下 20mm 远后的位置 E 的投影。

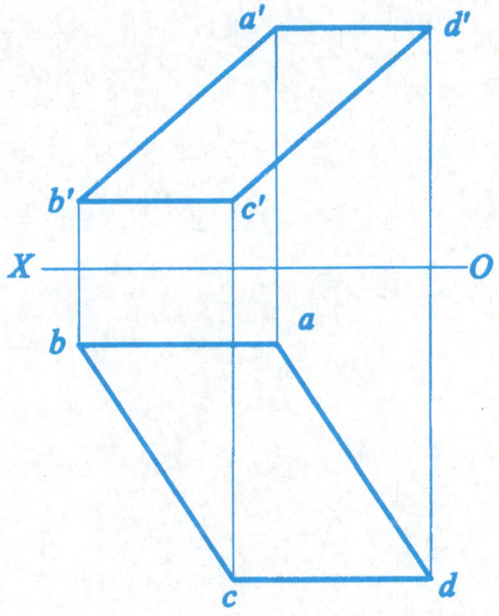

直线与平面、平面与平面平行问题

3－31　判别直线和平面是否平行。

(1)

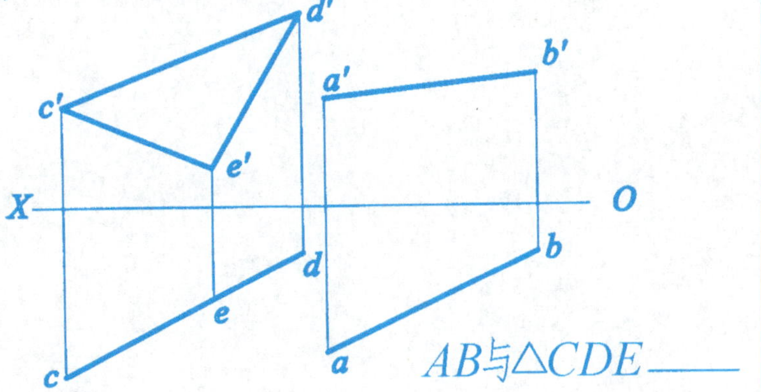

AB与△CDE______

(2)

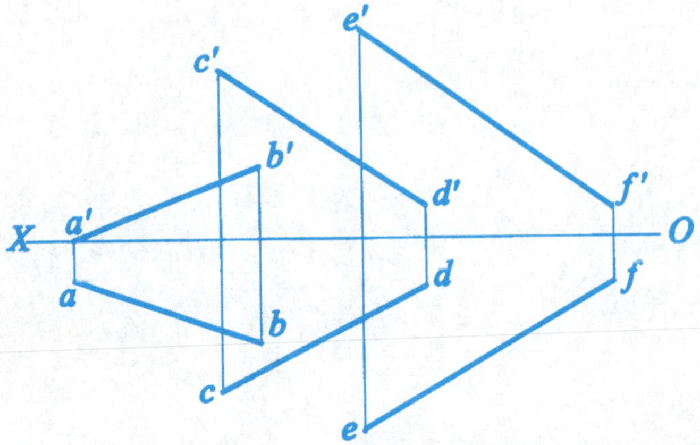

AB与(CD//EF)______

3－32　判别两平面是否平行。

(1)

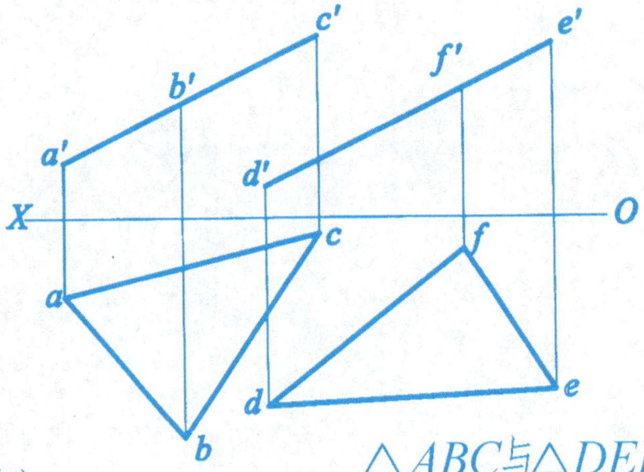

△ABC与△DEF______

(2)

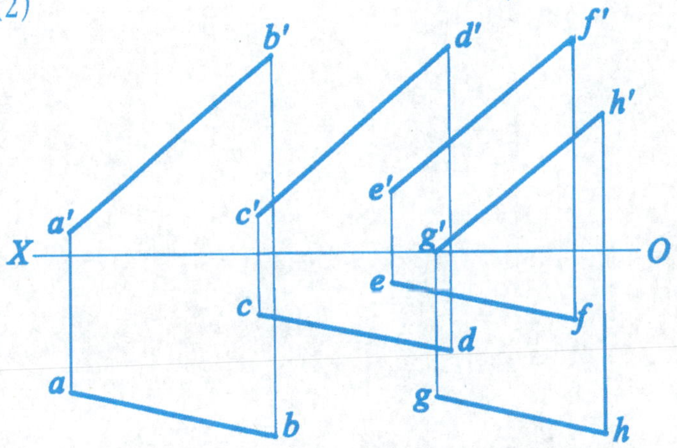

(AB//CD)与(EF//GH)______

3－33　过点 E 作正平线平行于平面 ABC，且 EF＝15mm。

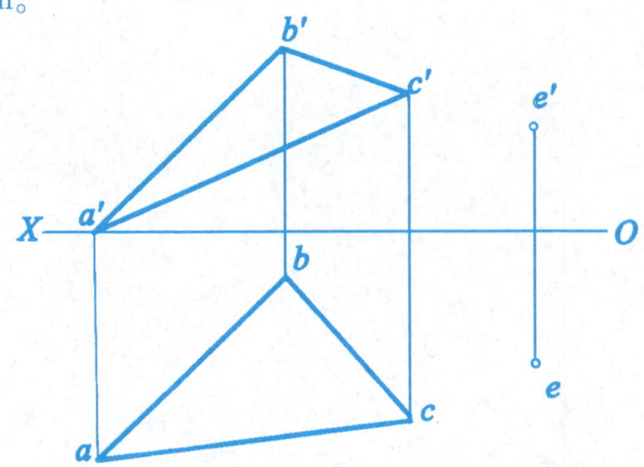

3－34　过点 E 作平面平行于平面（AB// CD）。

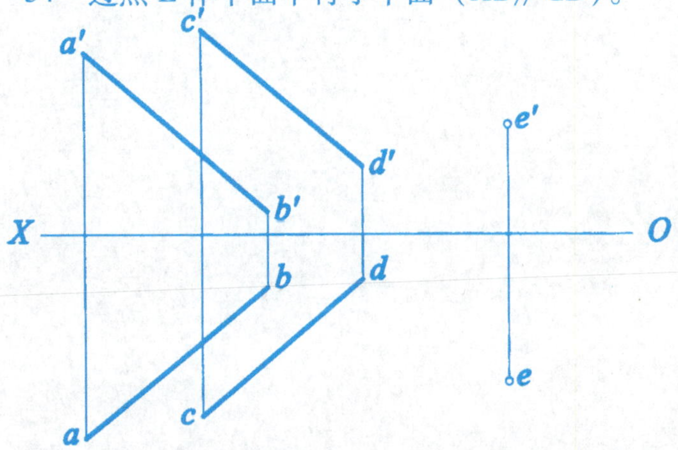

3－35　过 K 点作直线 KM 平行于 ABC 平面和 H 面。

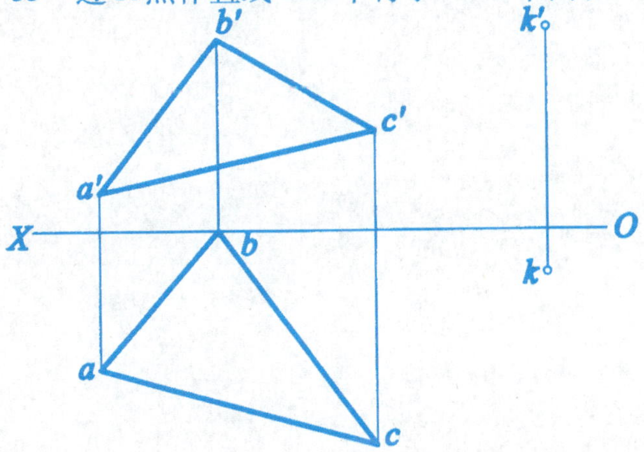

3－36　已知直线 MN 平行于平面 ABC，求 abc。

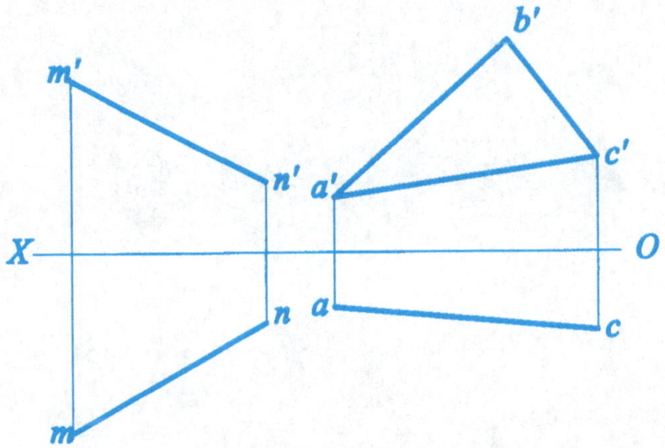

3－37　已知△ABC 平行于直线 DE 和 FG，试画出三角形的水平投影。

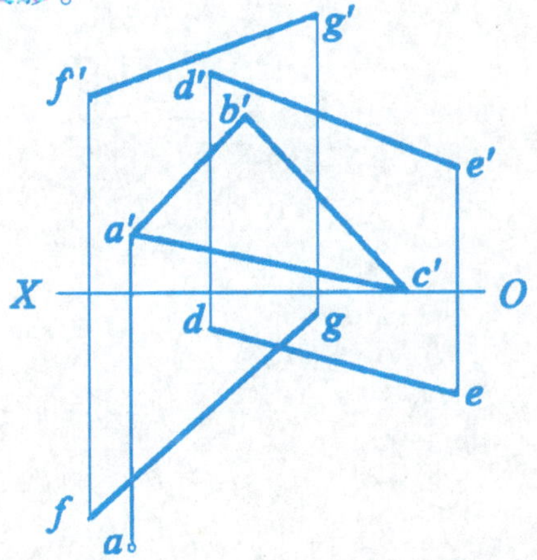

直线与平面、平面与平面相交问题

3－38　求作下列各题中直线和平面的交点 K，并判别可见性。

(1)

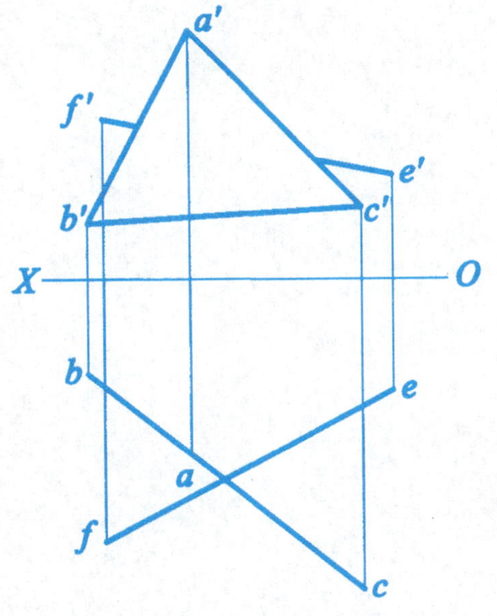

(2)

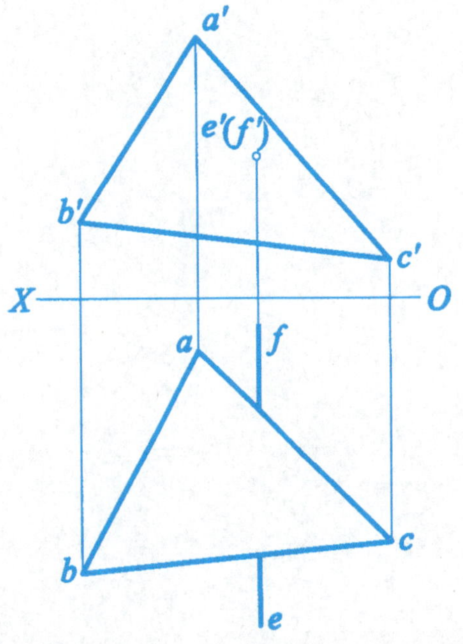

(3)

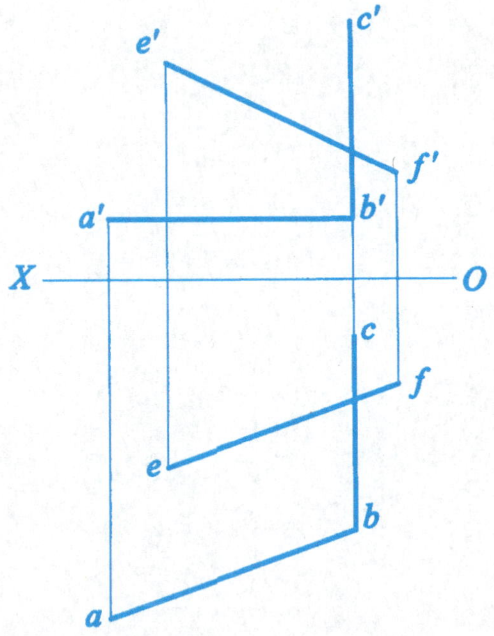

(4)

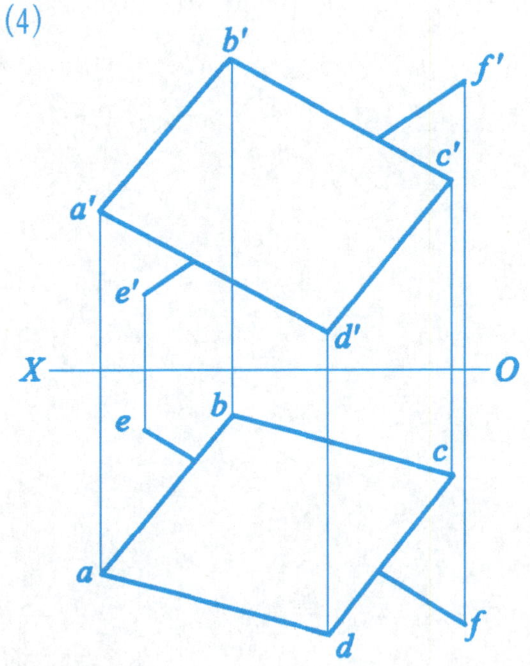

3－39　求作下列各题中两平面的交线 MN，并判断可见性。

(1)

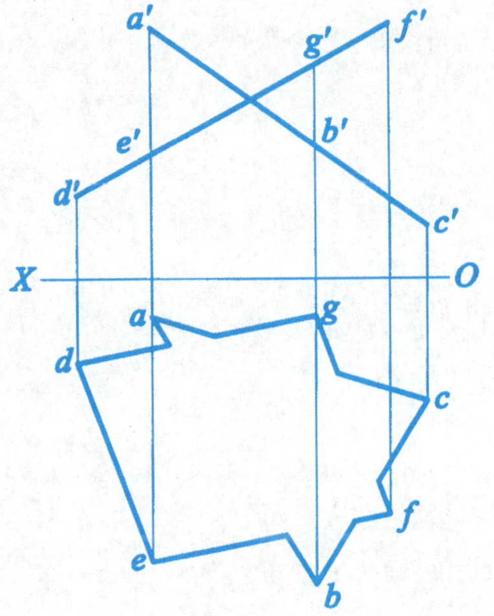

(2)

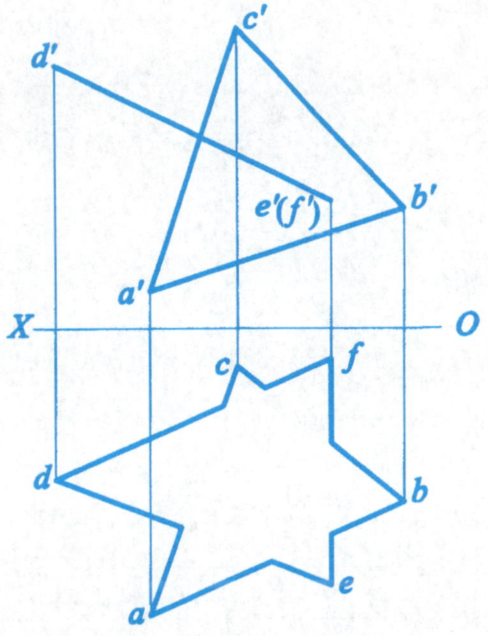

(3)

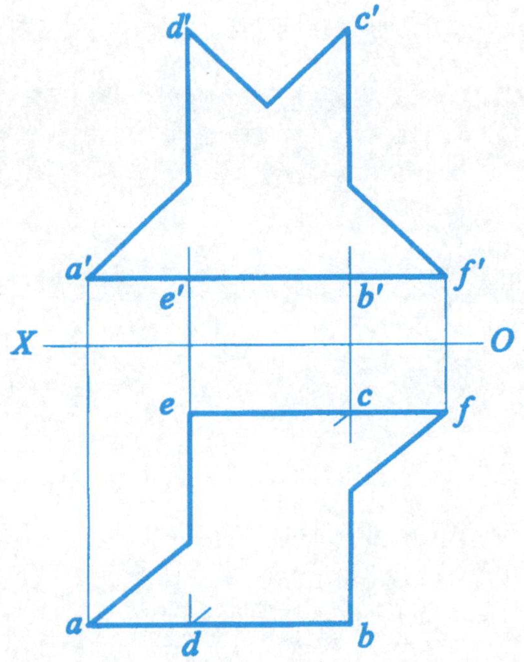

(4)

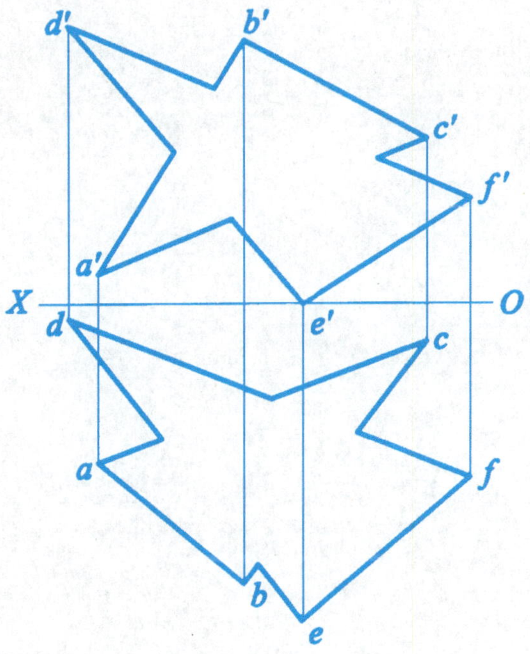

3-40 求 A 点到平面 BCD 的距离 AK，并判断点 K 的可见性。

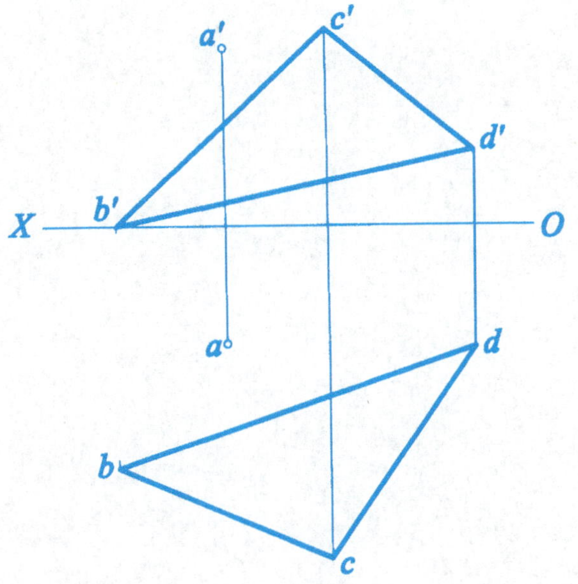

3-41 判别两已知平面是否垂直。

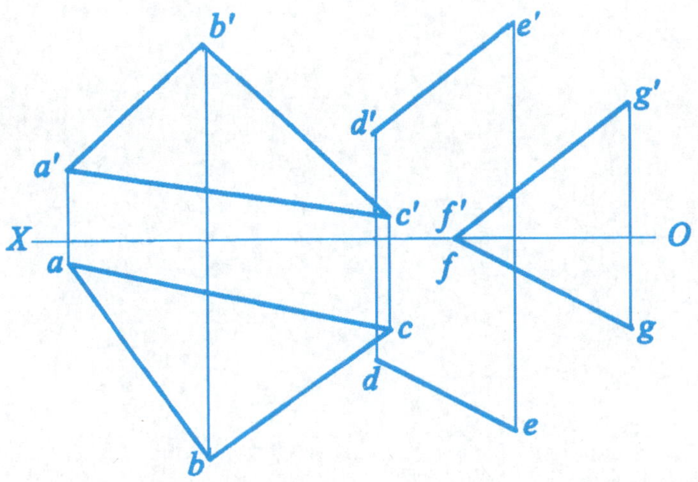

3-42 已知△EFG 为一般位置平面，且垂直于矩形 $ABCD$，试求三角形的水平投影 efg。

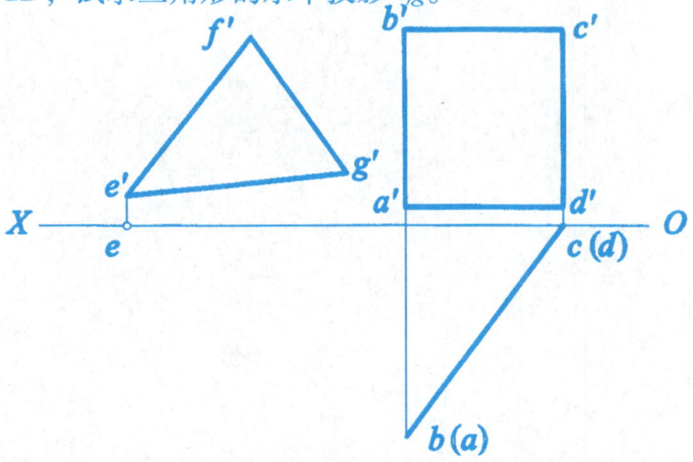

有___解

3-43 过 K 点作一平面垂直于△ABC 并平行于直线 DE。

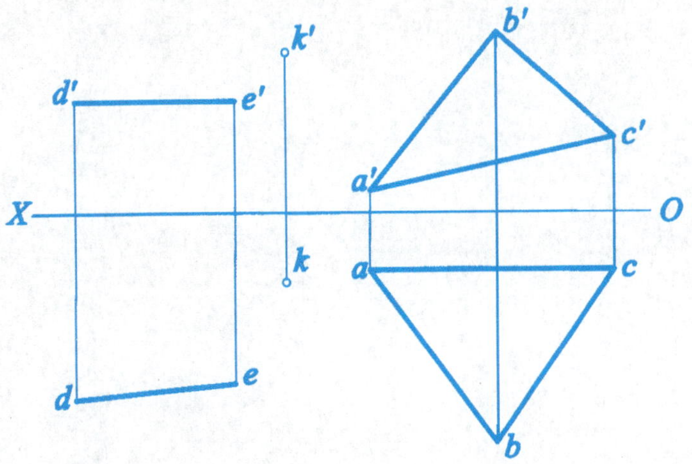

3-44 求点 M 到直线 AB 的距离。

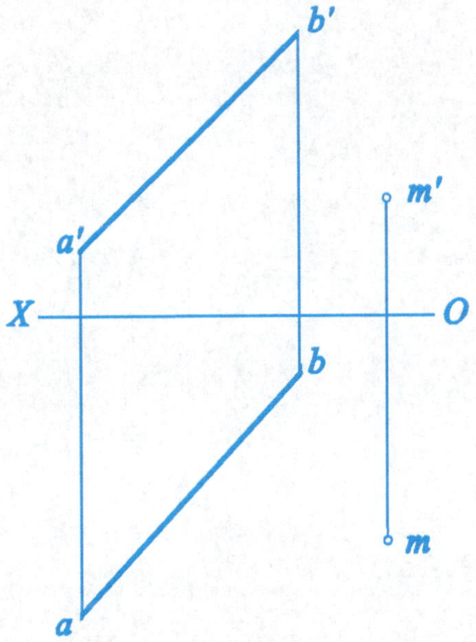

步骤:

3-45 已知矩形 $ABCD$ 一边的两个投影和其邻边的一个投影，试完成矩形的投影。

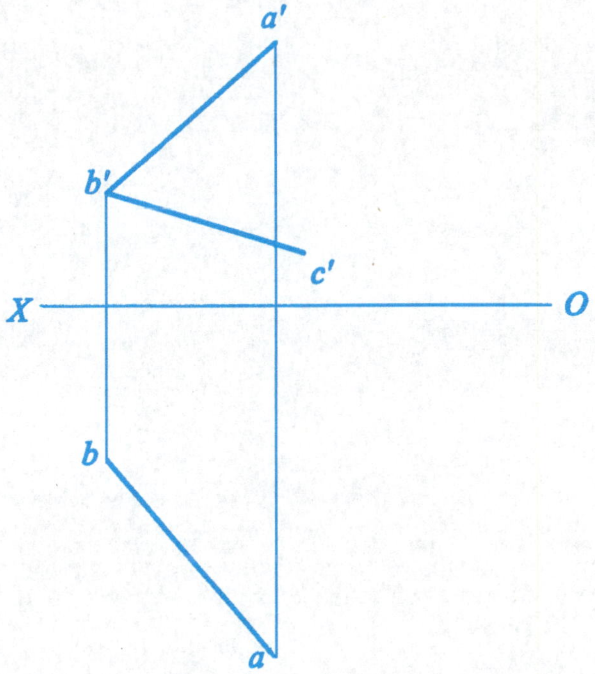

3－46　过 *K* 点作直线垂直于直线 *AB*，并与直线 *CD* 相交。

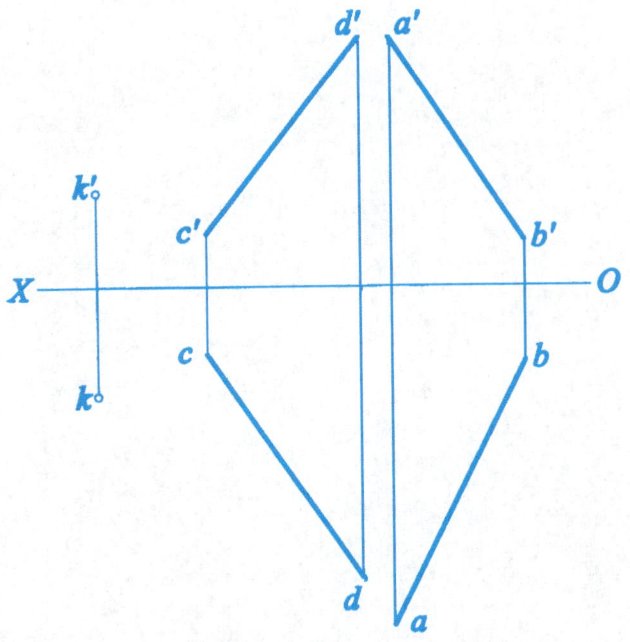

3－47　在直线 *AB* 上取一点 *E*，使 *E* 点与 *C*、*D* 两点等距。

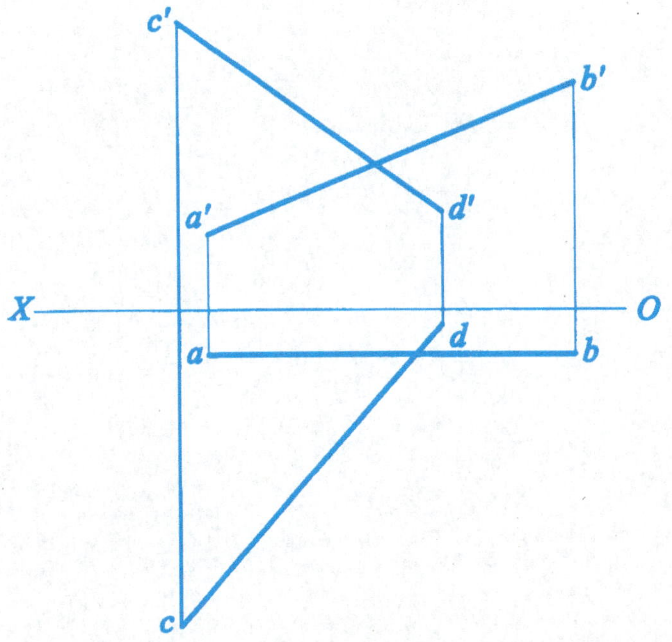

3－48　作平面与△*ABC* 平行，并使两平面间的距离为 *L*。

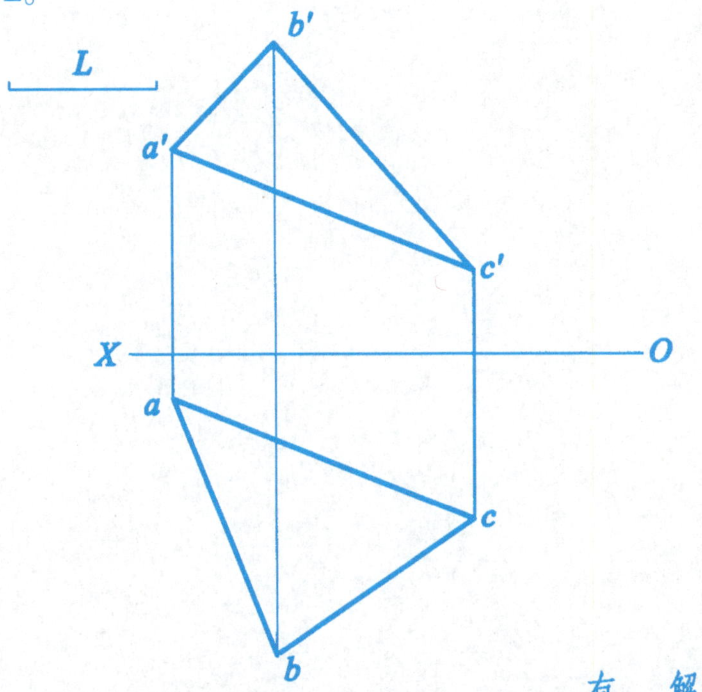

有___解

3－49　正方形 *ABCD* 的顶点 *A* 属于直线 *EF*，*C* 属于直线 *BG*，求正方形的投影。

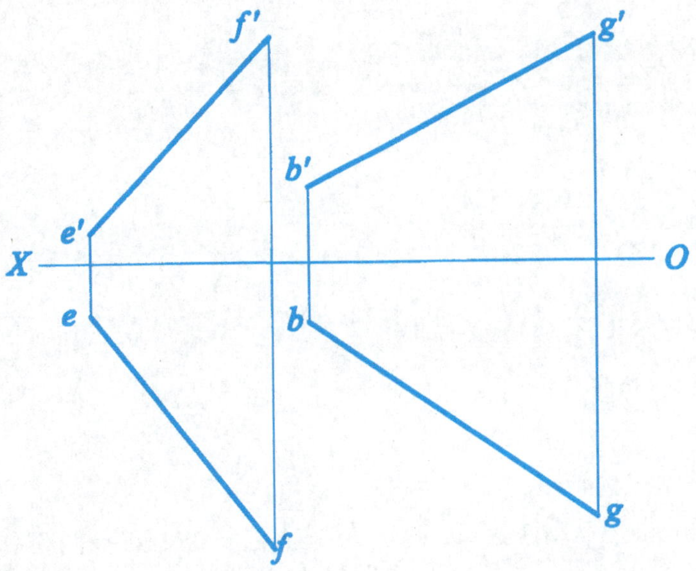

3－50　等腰三角形 *ABC*，已知腰 *AB* 的两个投影，又知底边属于直线 *BM*，求作此等腰三角形。

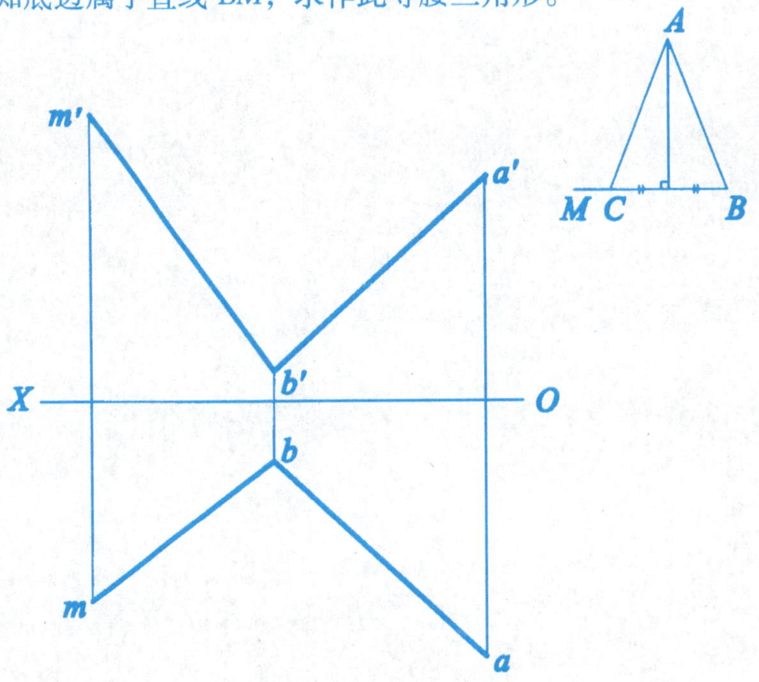

3－51　已知菱形 *ABCD* 的对角线 *BD* 的两个投影，并知一个顶点 *A* 属于直线 *EF*，求此菱形的投影。

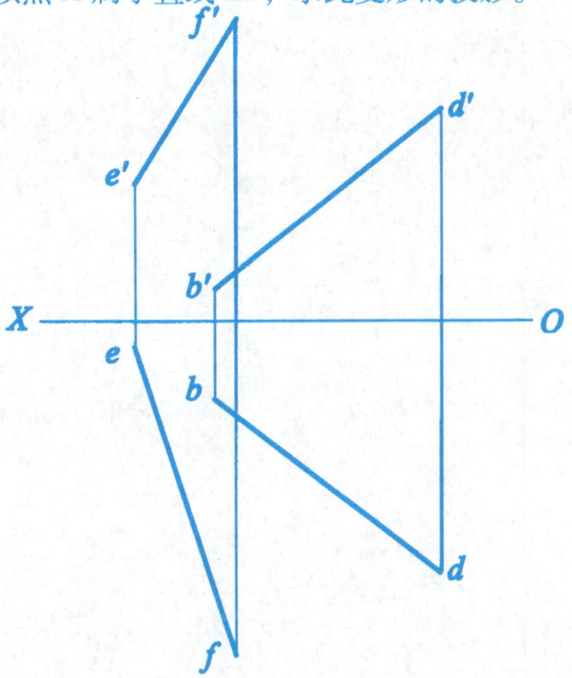

3－52　用换面法求线段 AB 的实长和对 V 面的倾角 β。

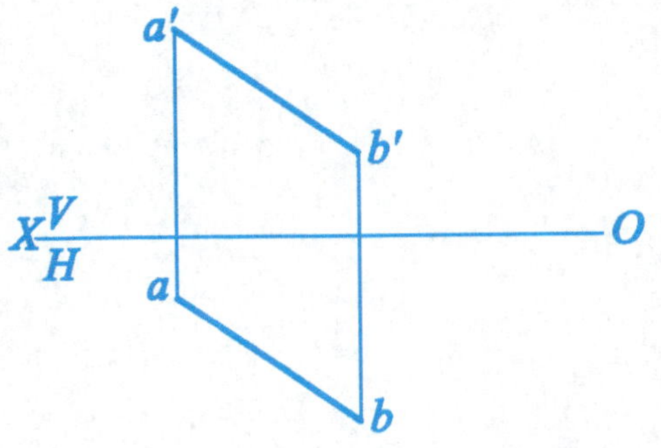

3－53　已知直线 AB 对 H 面的倾角 $\alpha=30°$，用换面法求其正面投影。

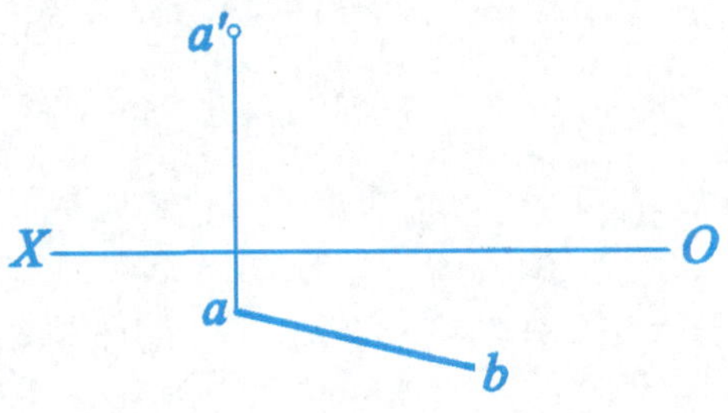

有___解

3－54　已知线段 AB 的实长，用换面法求其水平投影。本题有几个解答？请画出来。

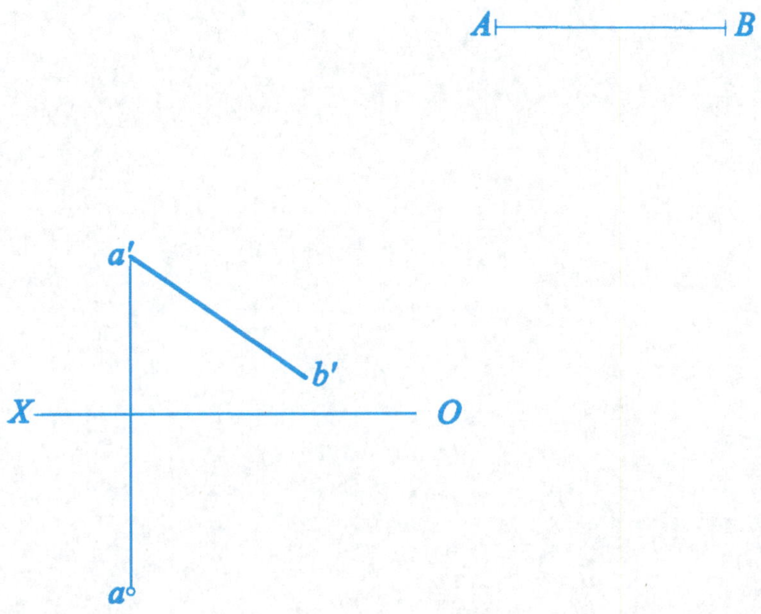

有___解

3－55　用换面法作△ABC 的内切圆圆心的正面投影与水平投影。

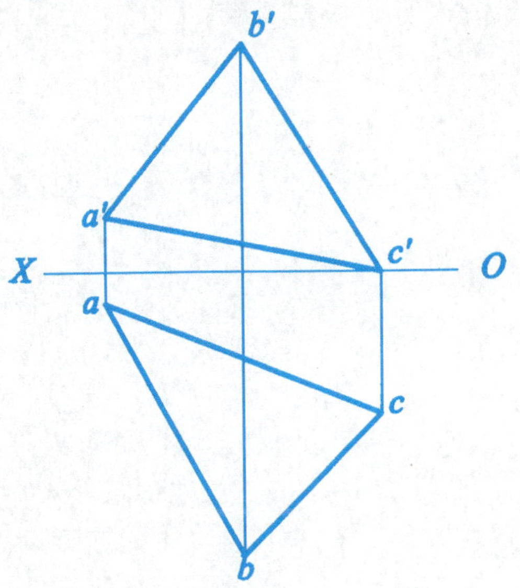

3－56　用换面法在线段 AB 上取一点 E，使 CE 与 AB 的夹角为 60°。

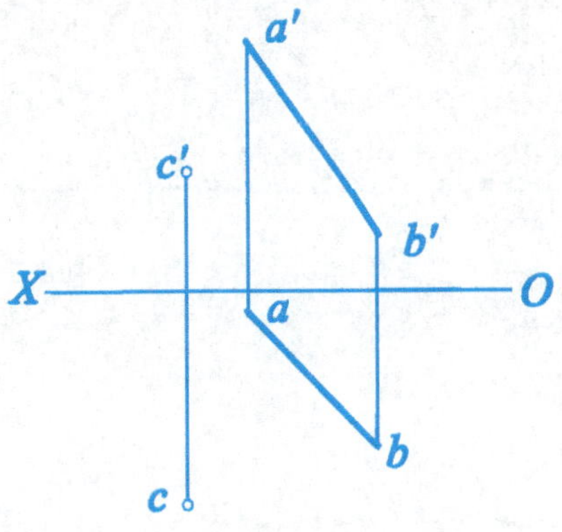

有___解

3－57　已知△ABC 对 V 面的倾角 $\beta=30°$，其一边的中线与 V 面平行，用换面法作该三角形的水平投影。

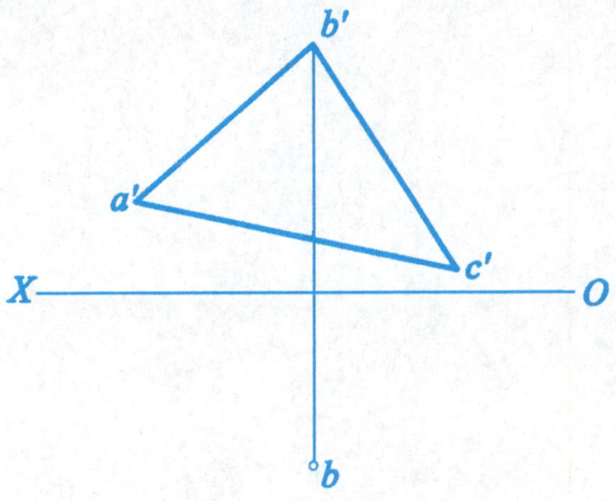

有___解

3－58　已知垂直于 V 面的圆的正面投影 $a'b'c'd'$，求作圆的水平投影。

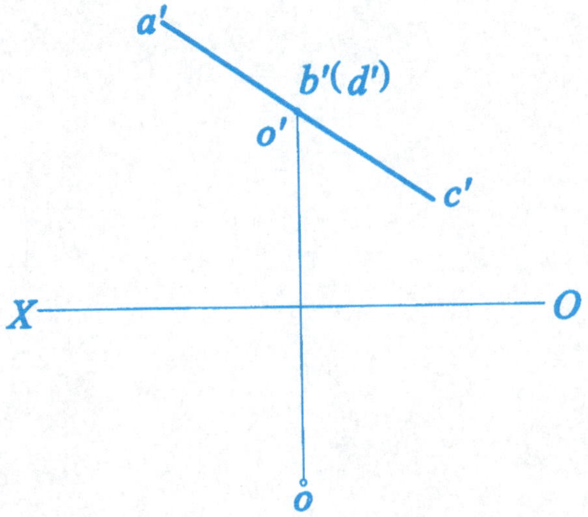

3－59　作出铅垂面内以 O 点为圆心，直径为 30mm 的圆的三面投影。

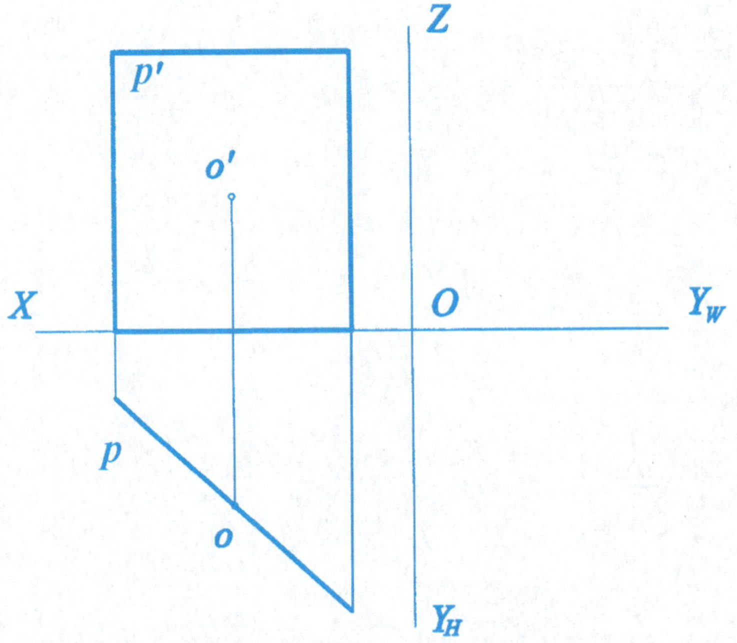

3－60　已知圆柱的底属于 P 平面，又知其水平投影，试画出其正面投影。

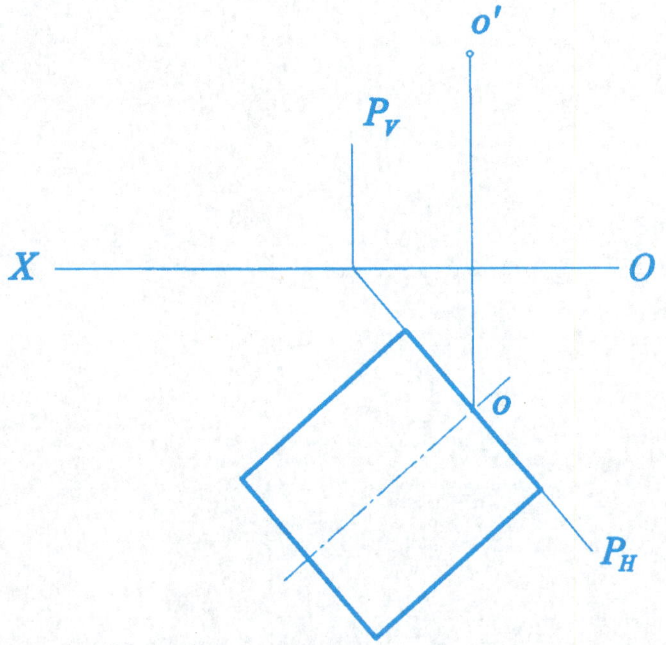

3－61　已知正圆锥的底属于 Q 平面，O 为底圆中心，S 为锥顶，并知其底圆直径为 30mm，试作该圆锥的投影。

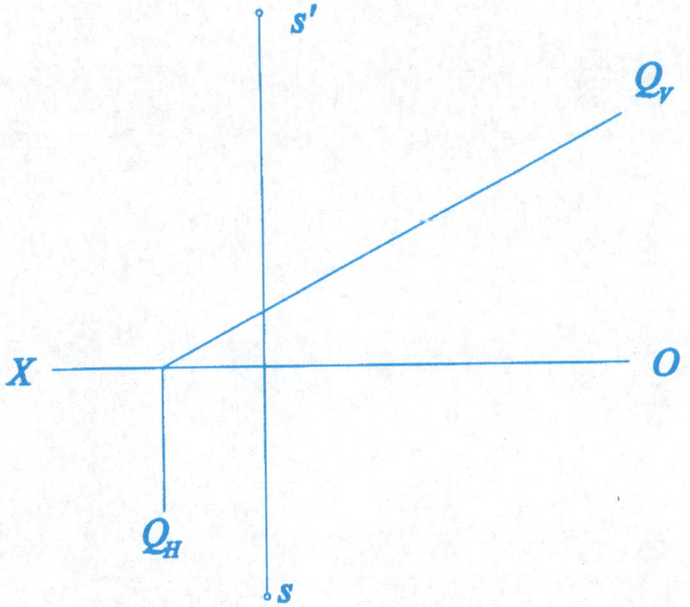

3－62　求作与平面 $ABCD$ 相切于 M 点的球（直径为 40mm）的两个投影。

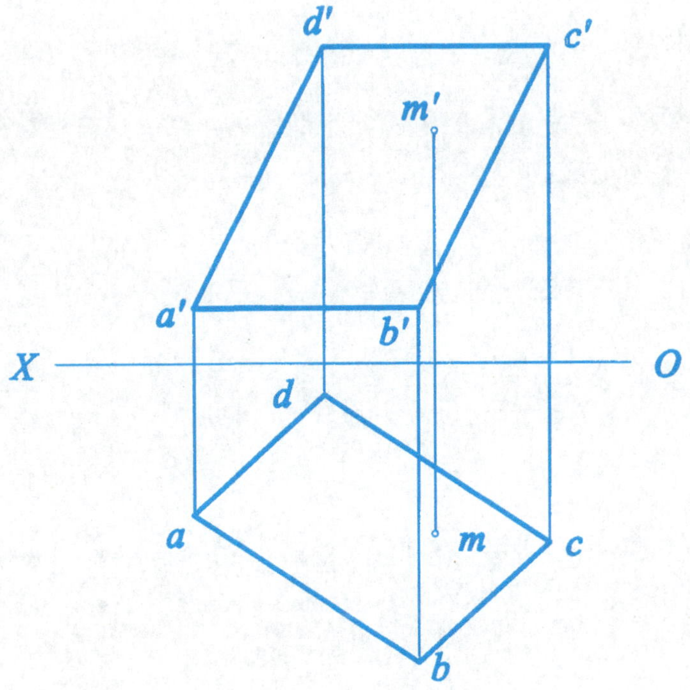

3－63　在图示圆柱表面上作导程为 30mm 的右旋螺旋线（设圆柱为不透明体）。

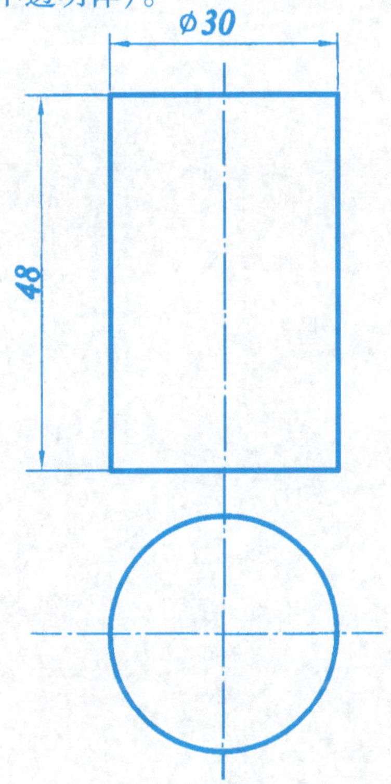

3－64　根据造型设计的美学观点，从比例、均衡、节奏、稳定等方面分析下列图形。

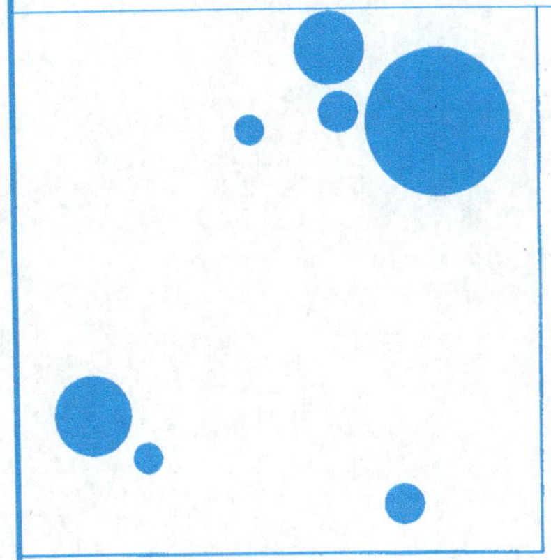

(1)________

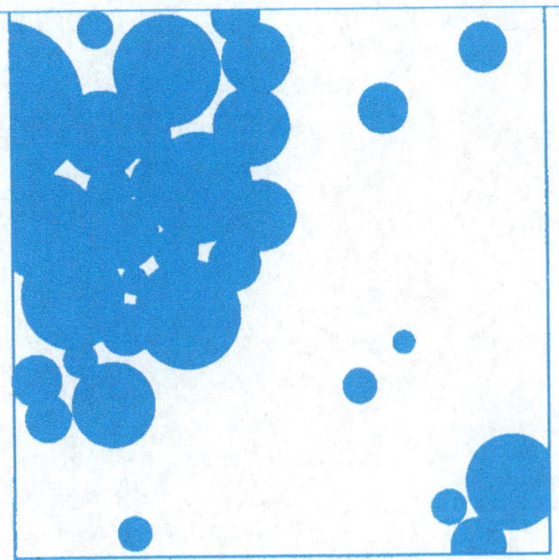

(2)________

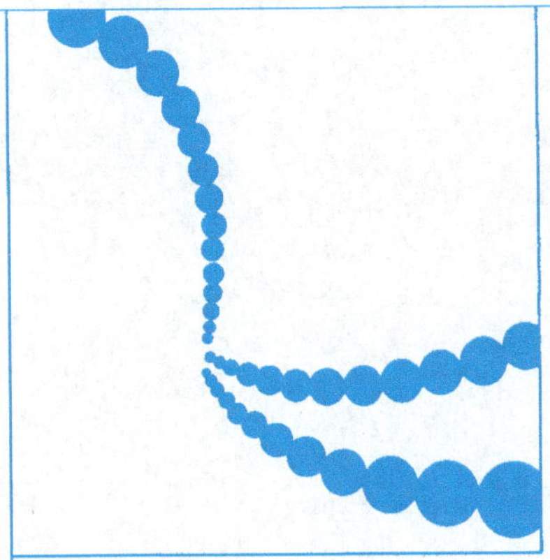

(3)________

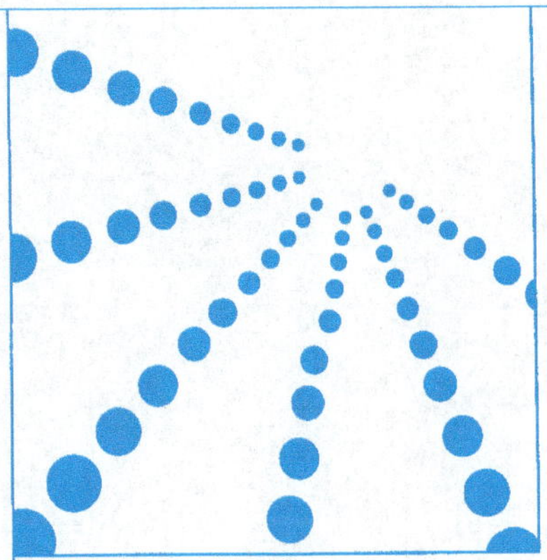

(4)________

(5)________

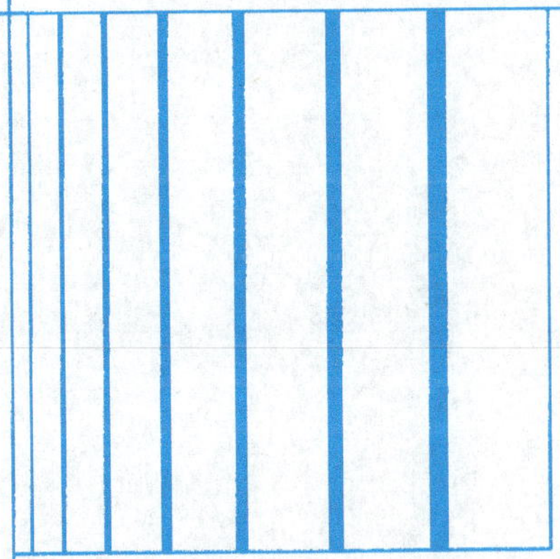

(6)________

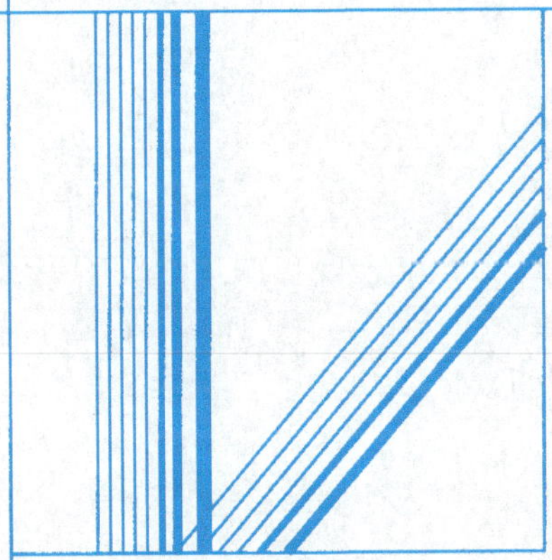

(7)________

(8)________

(9)________

(10)________

(11)________

(12)________

（13）已知线段长45mm，试作出以该线段长度为长边的黄金率矩形。

（14）为了取得视觉上的平衡感，请在下面产品上适当位置，画出一段粗实线（或标牌），用以表示铭牌放置的最佳位置，并分析该产品造型的特点。

4－1　画出下列形体的三视图。

(1)

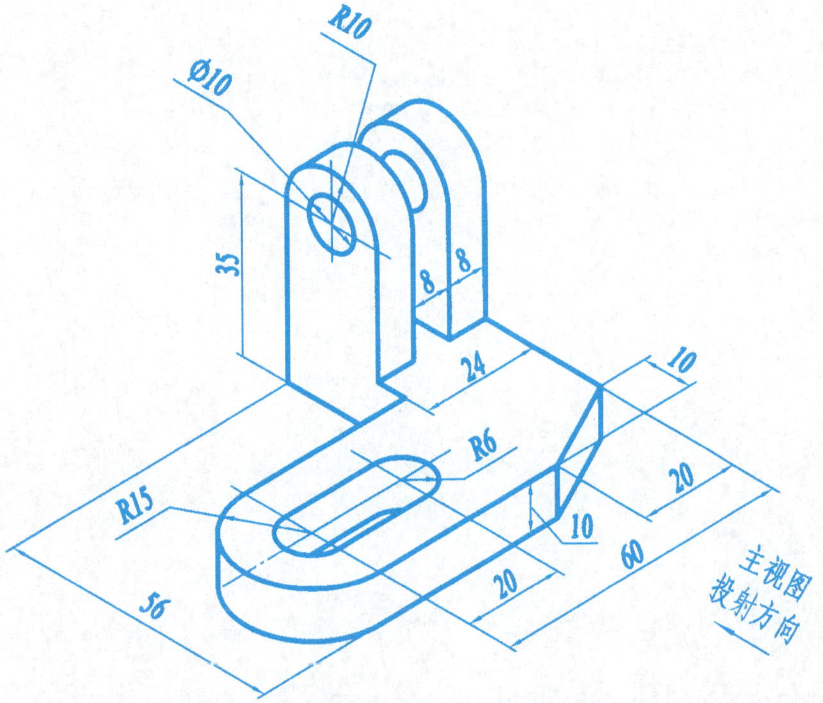

(2)

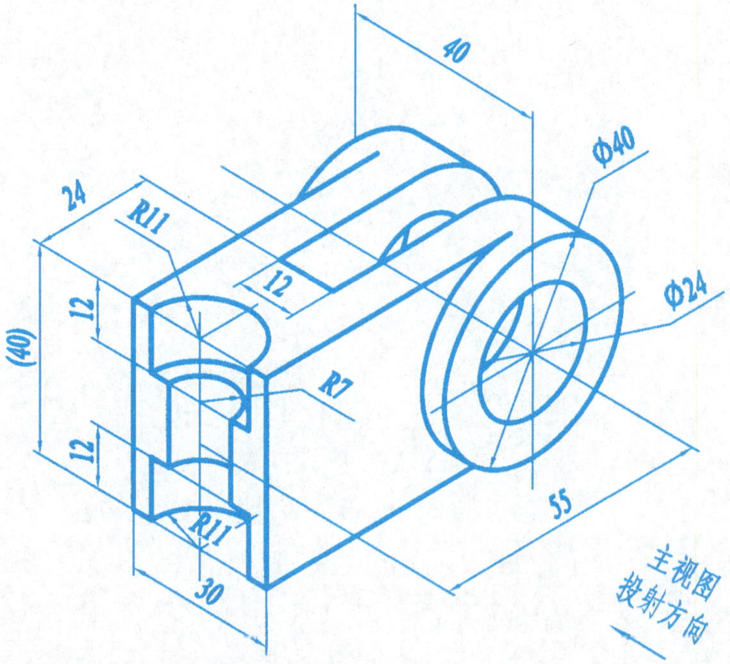

(3)

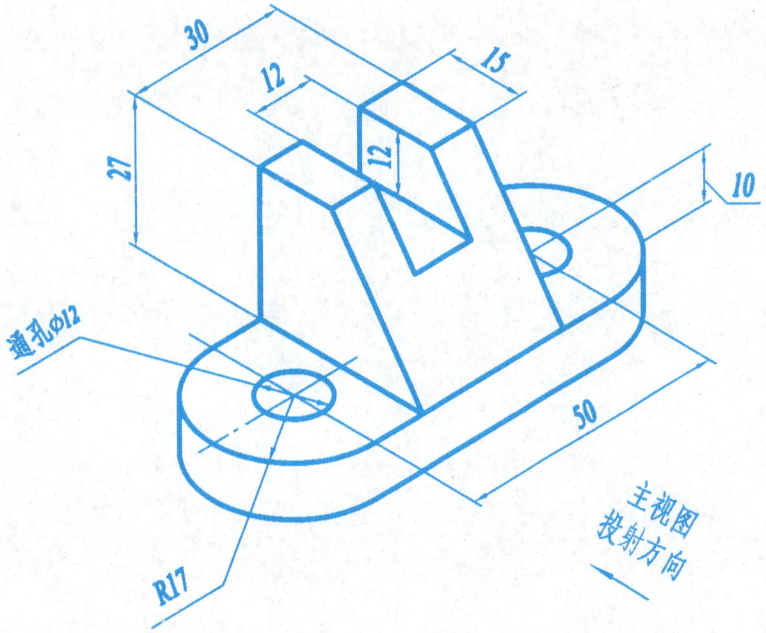

(4)

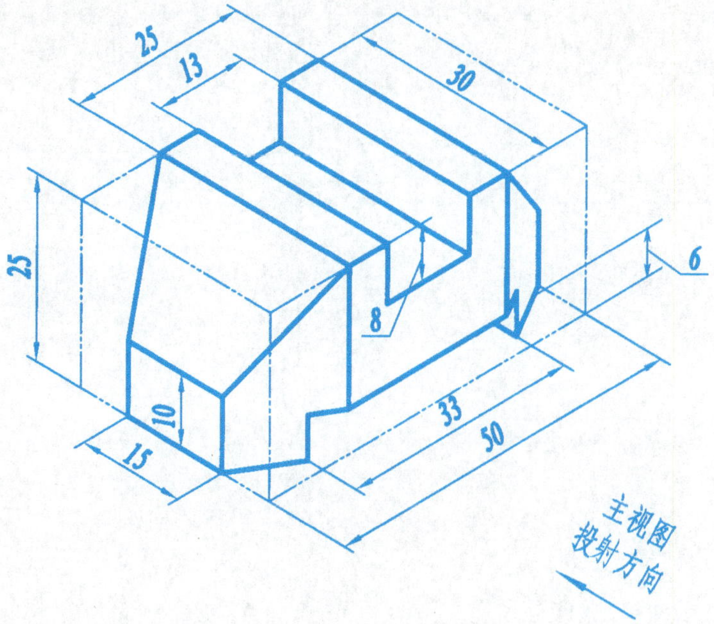

4-2 求直线 AB 与立体表面的贯穿点［（1）～（3）题］；在立体表面上求出距 A 点最近的点 K［（4）～（6）题］。

(1)

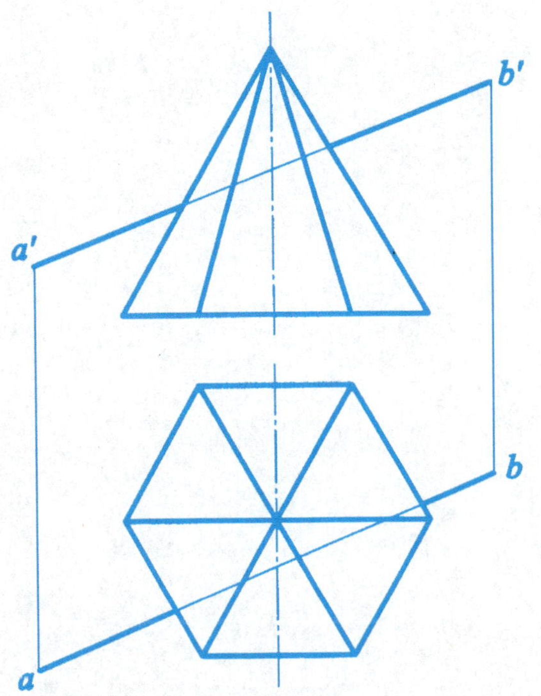

(2)

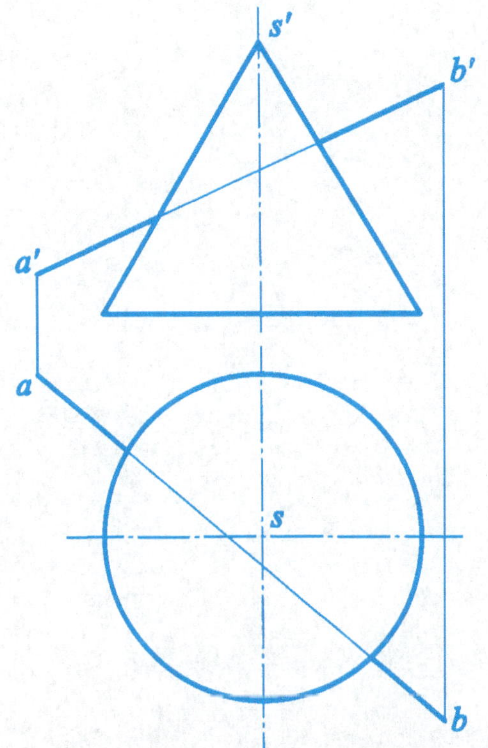

(3)

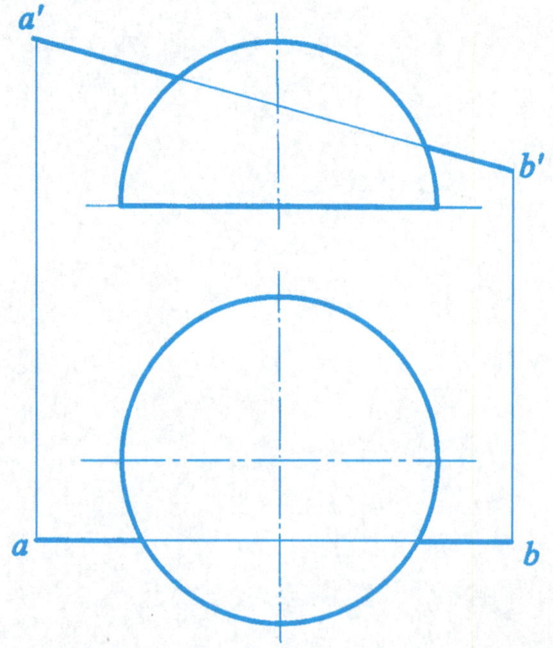

(4)

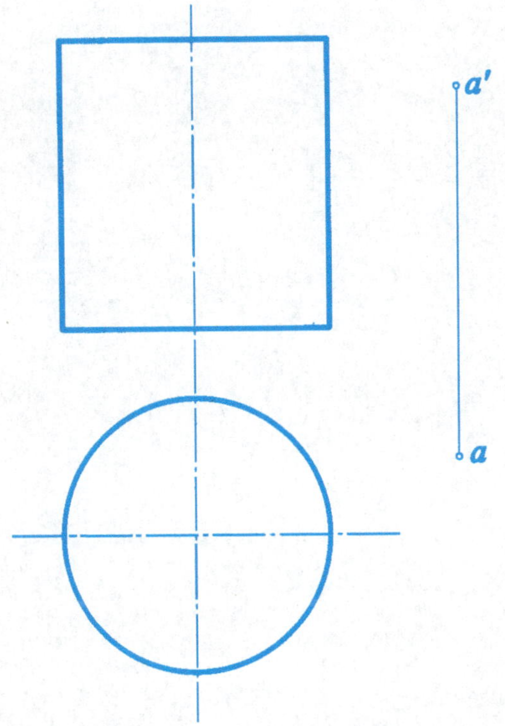

(5)

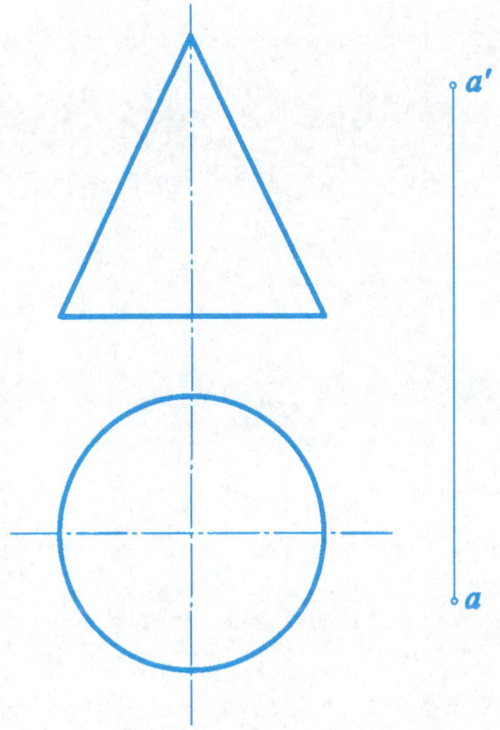

(6)

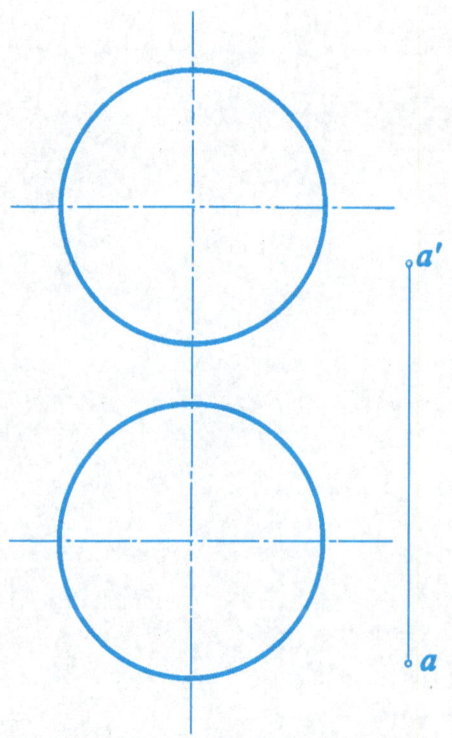

4-3 补全视图上所缺的图线，并完成第三视图。

(1)

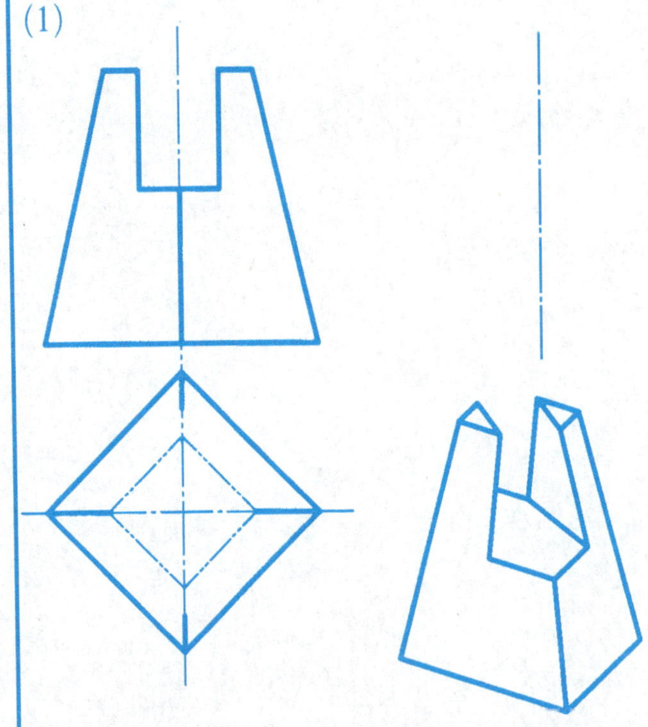

(2)

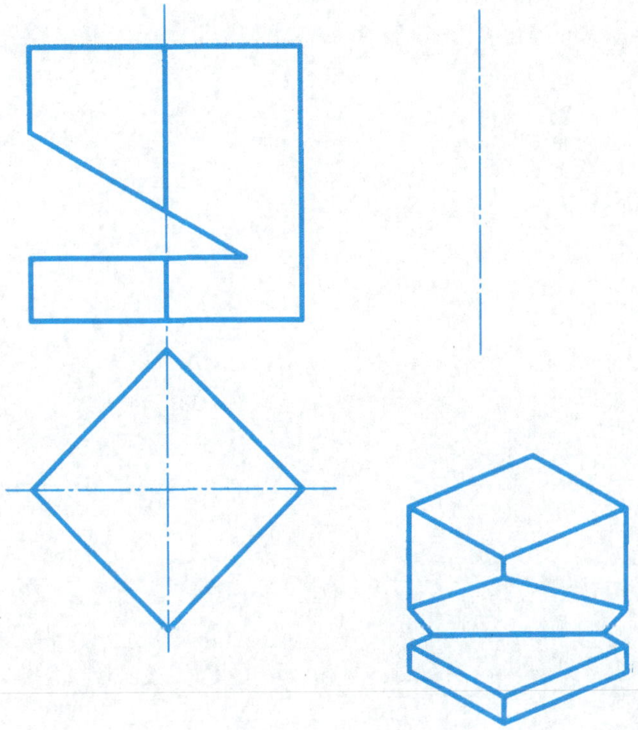

(3)

(4)

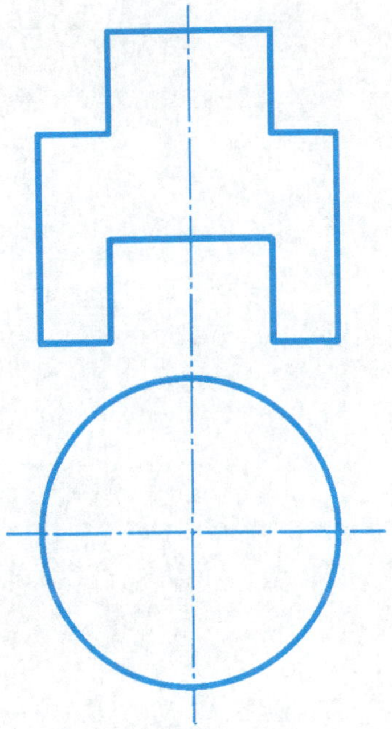

(5)

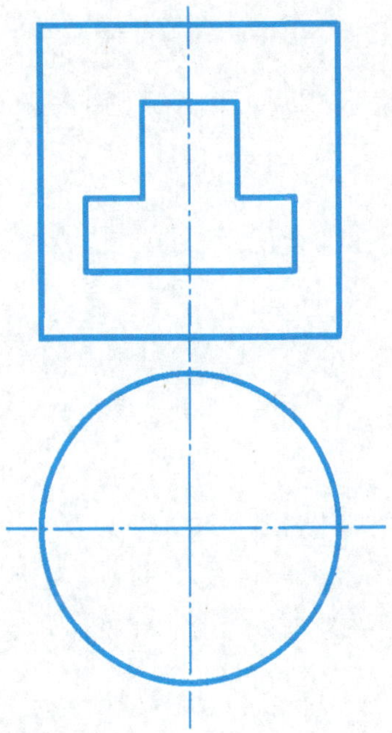

(6)

4－4 画出第三视图，并比较各题交线的差别。

(1)

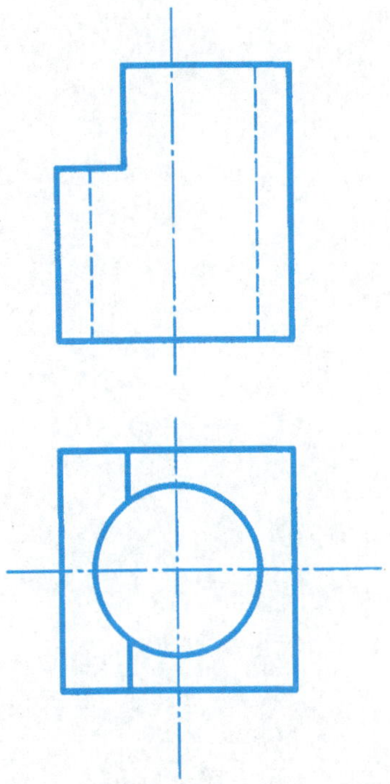

(2)

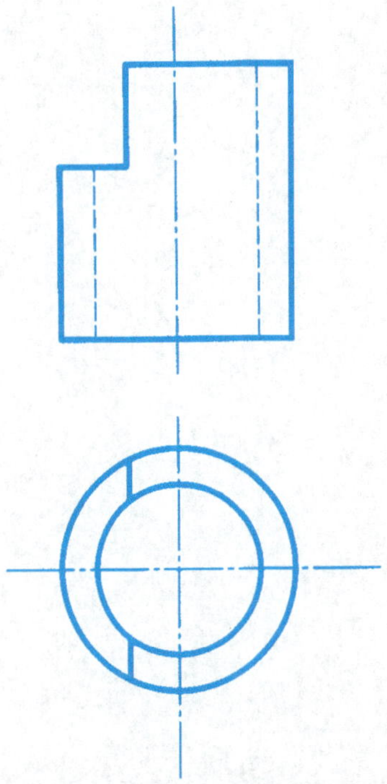

(3)

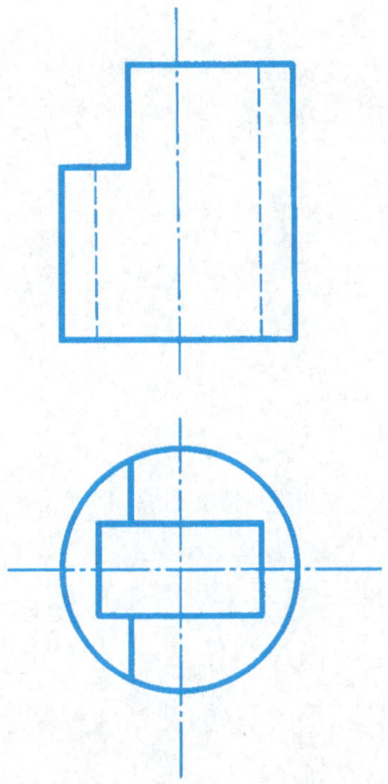

(4)

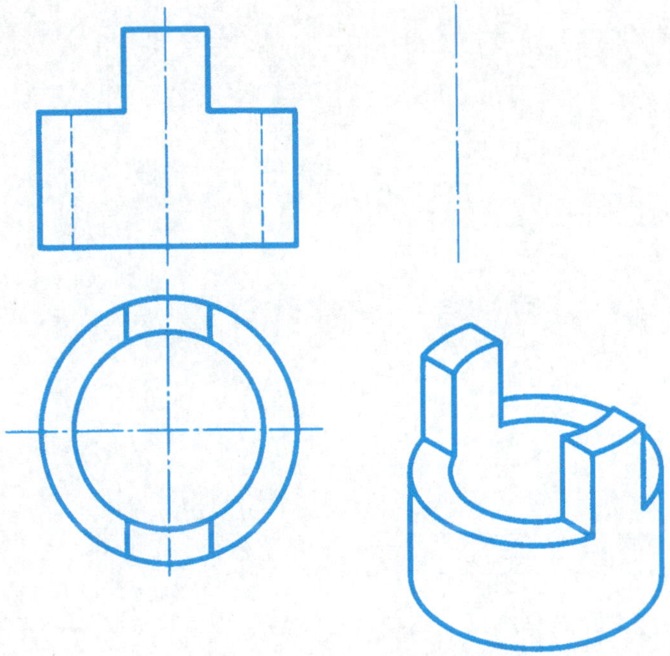

(5)

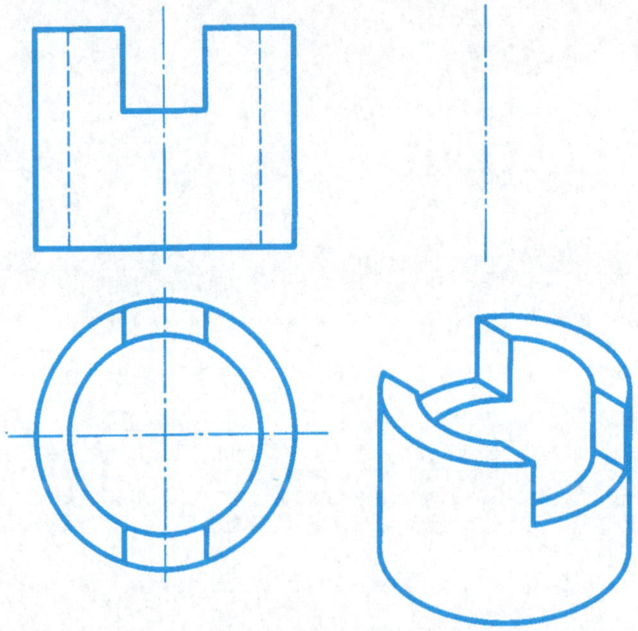

(6)

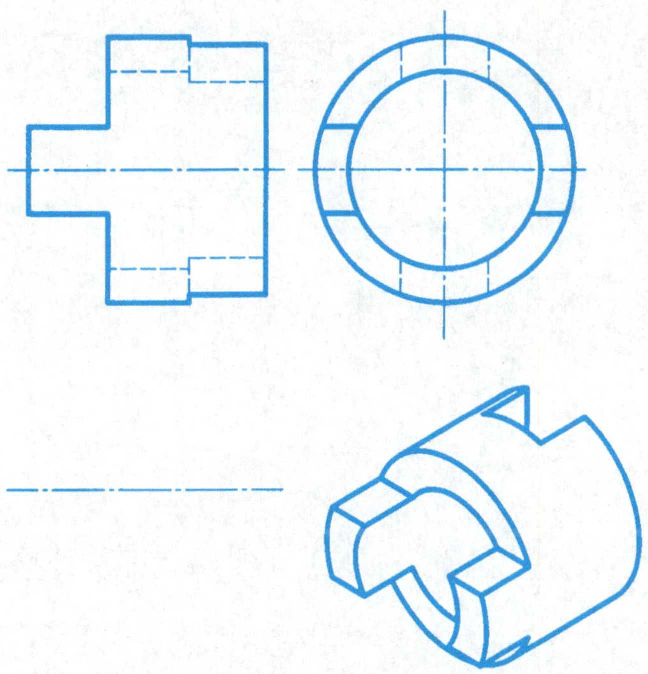

4－5　画出第三视图，并完成截交线的投影。

(1)

(2)

(3)

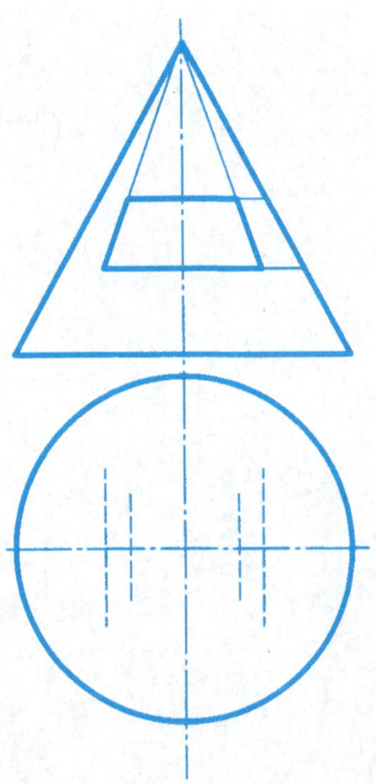

(4)

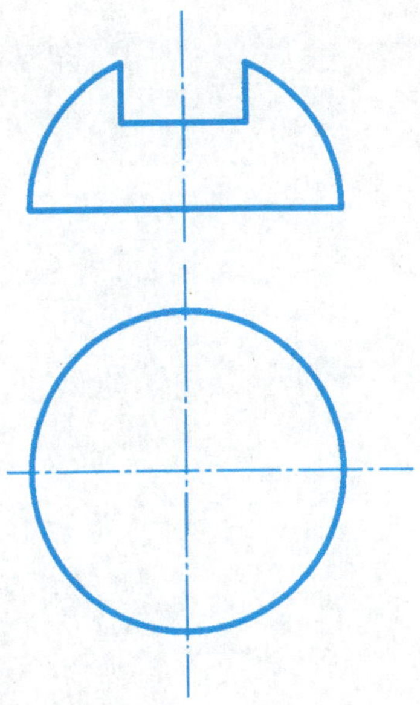

(5)

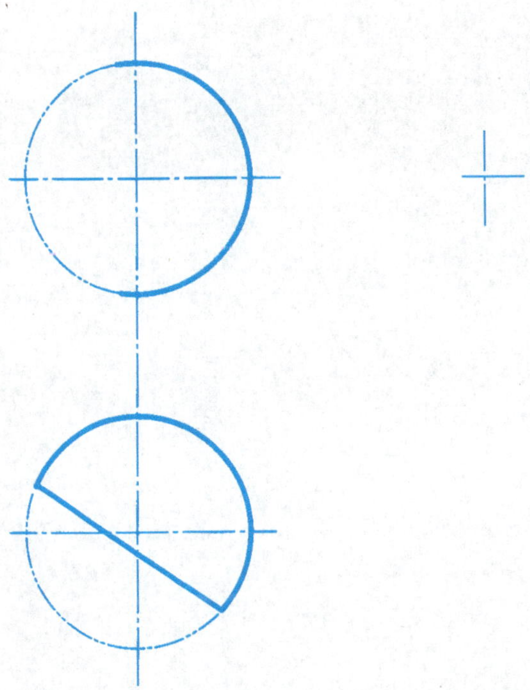

(6)

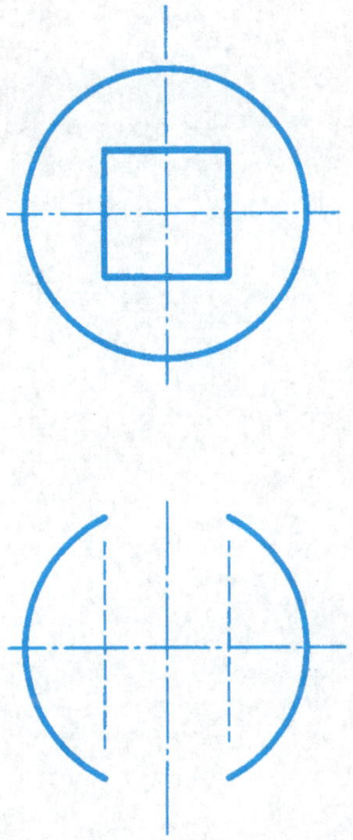

4－6　完成主视图。

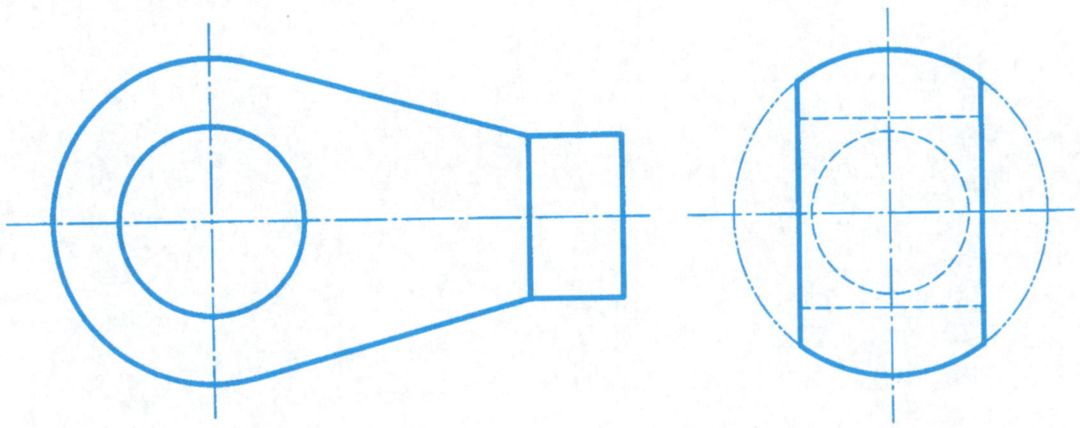

4－7　完成左视图。

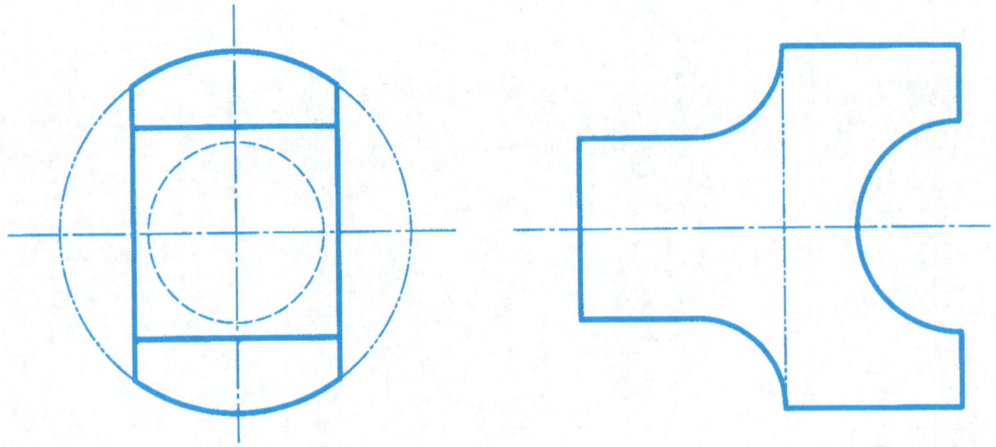

4－8　完成左视图，并画出俯视图。

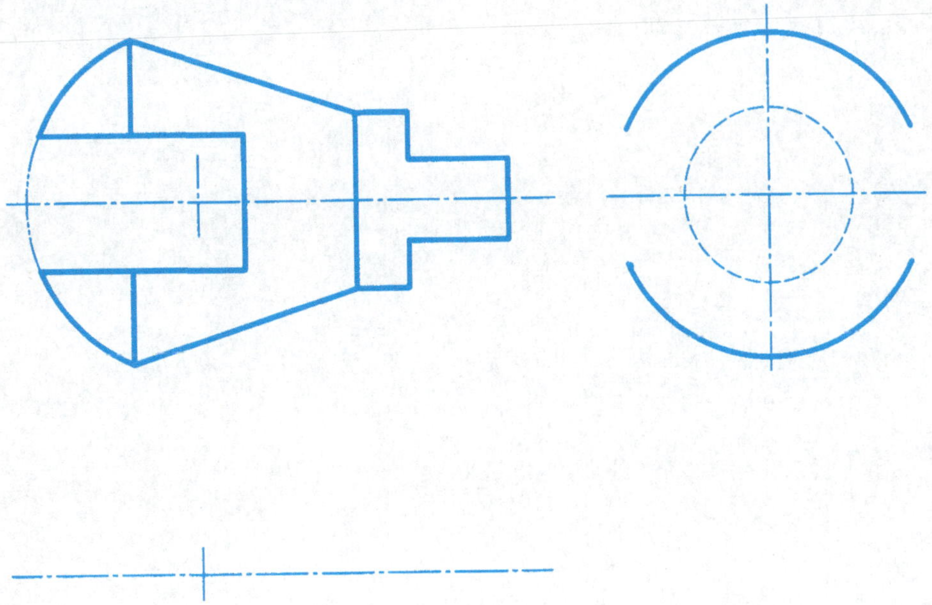

4－9　画出俯视图。

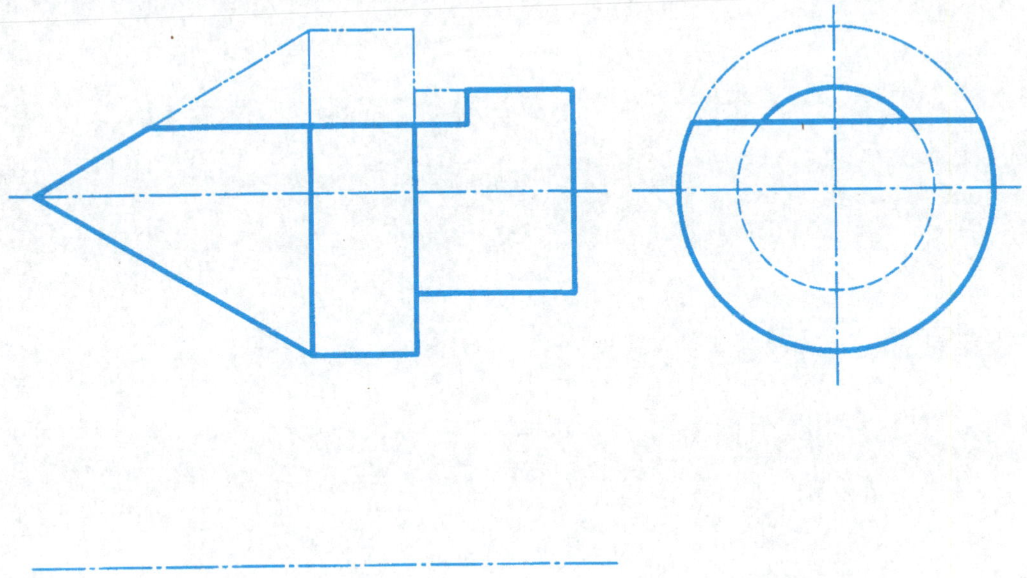

4－10　画出第三视图，并完成相贯线的投影。

(1)

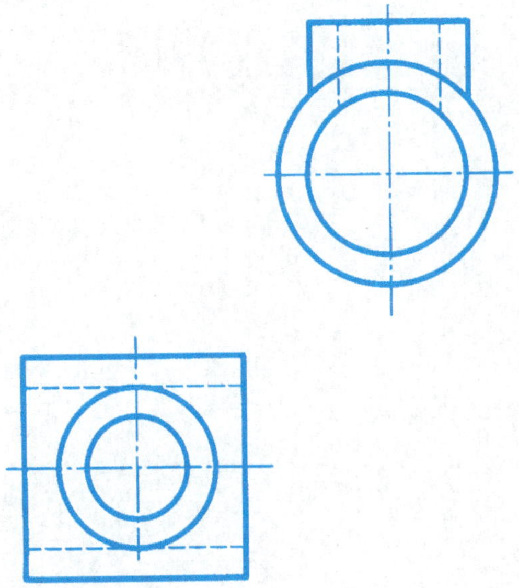

(2)

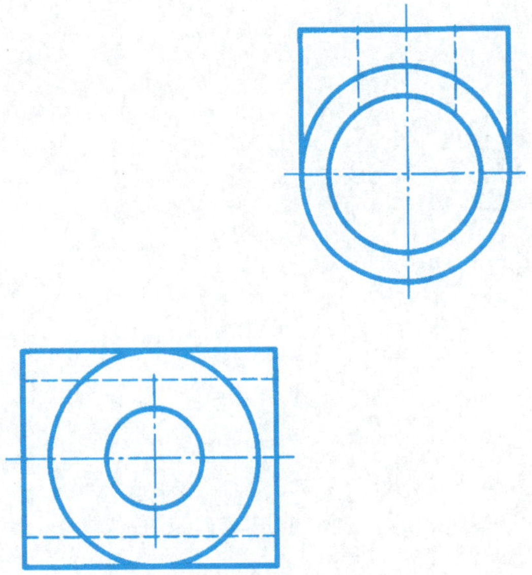

(3)

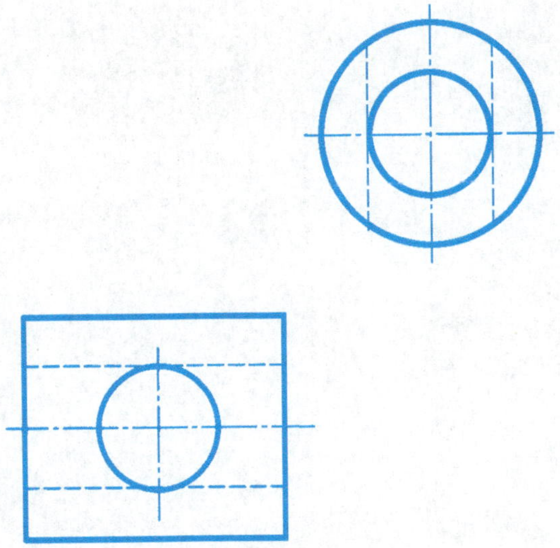

(4)

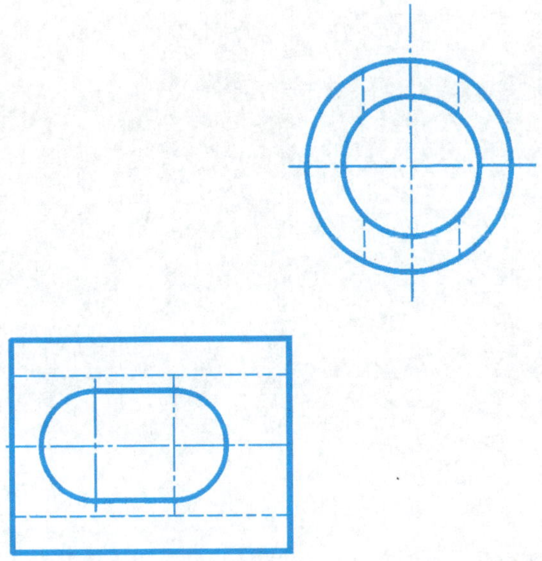

4－11　分析对应形体的特点，并画出左视图。

(1)

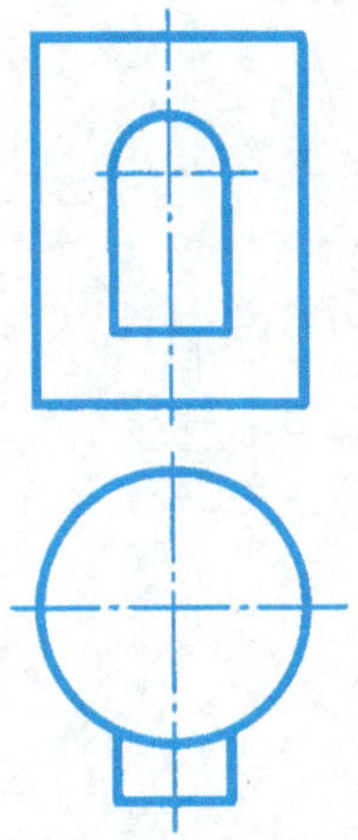

(2)

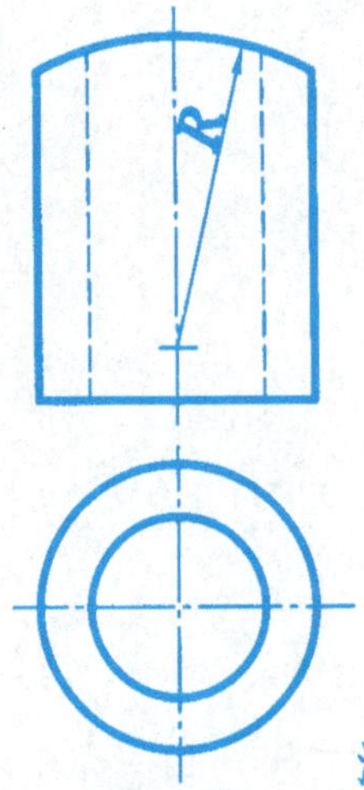

注: 图中R为圆柱面半径

(3)

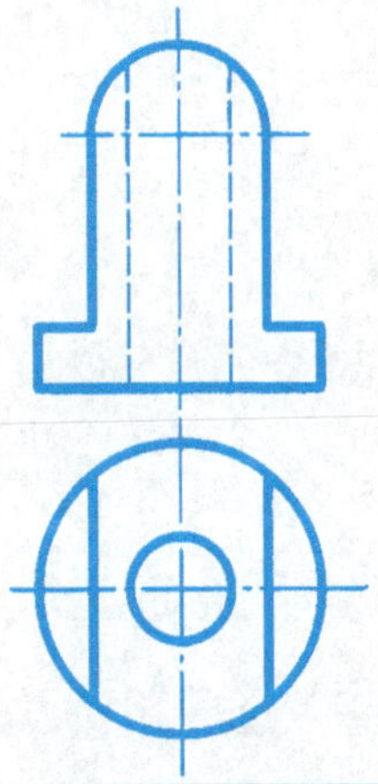

(4)

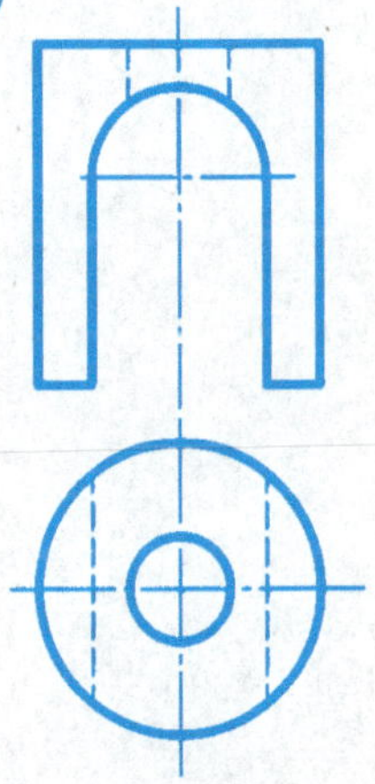

4－12　根据已知视图（粗实线表示）分析形体结构，想象形体形状并完成左视图。

(1)

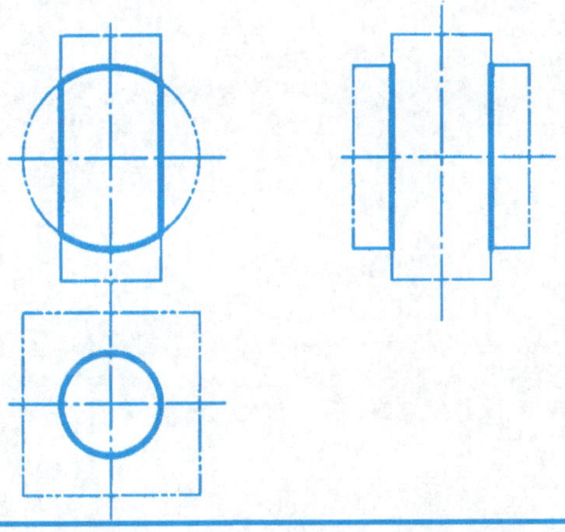

(2)

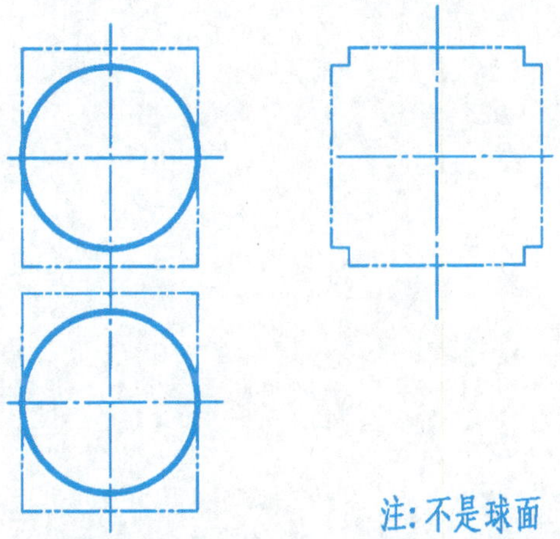

注: 不是球面

4－13　补全视图中所缺图线的投影。

(1)

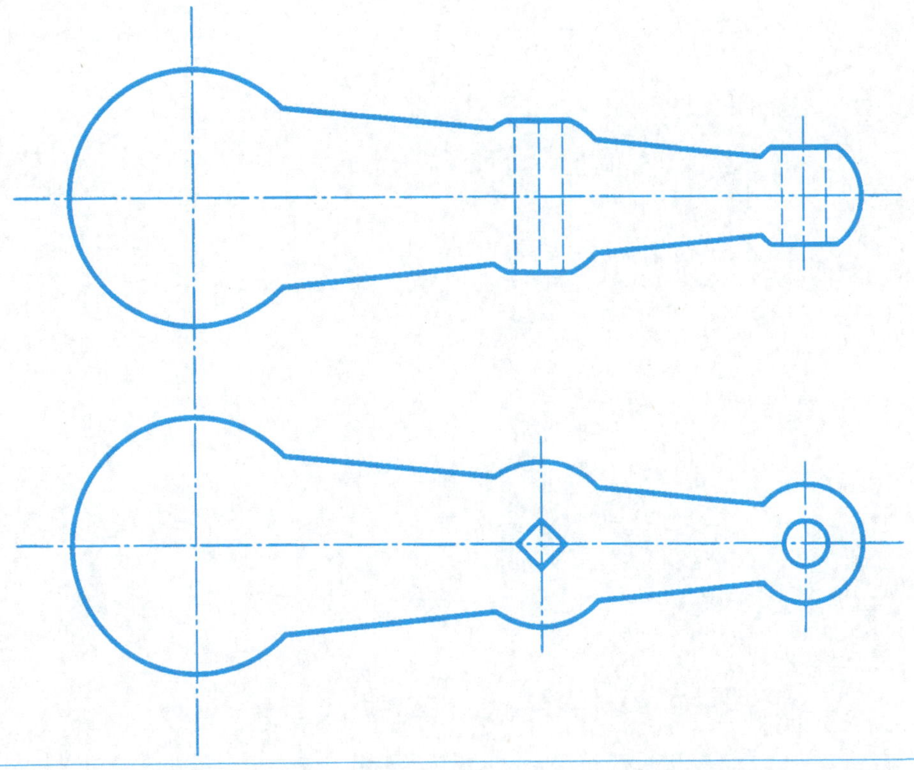

(2)

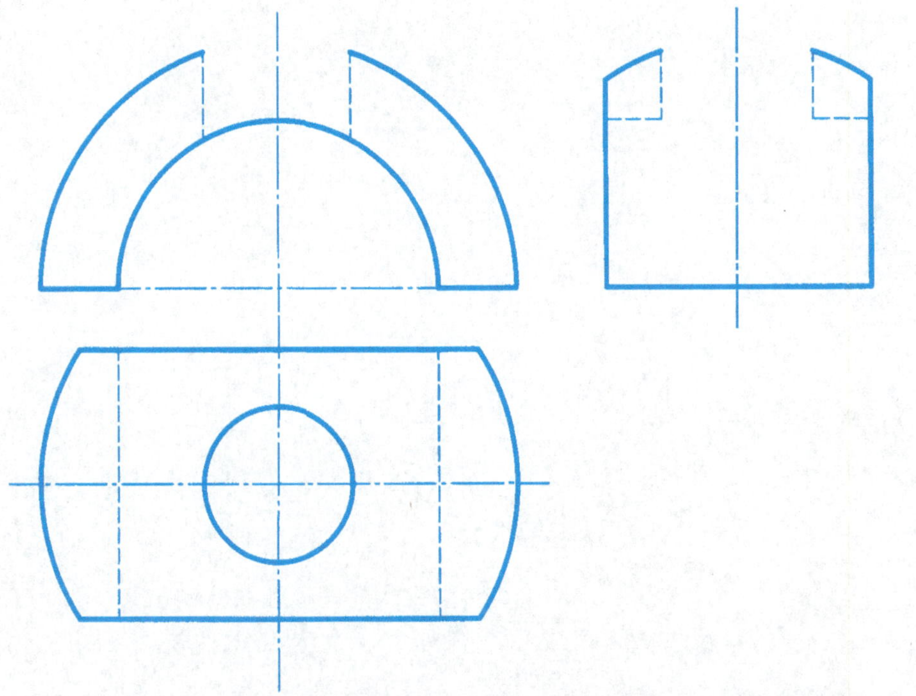

(3)

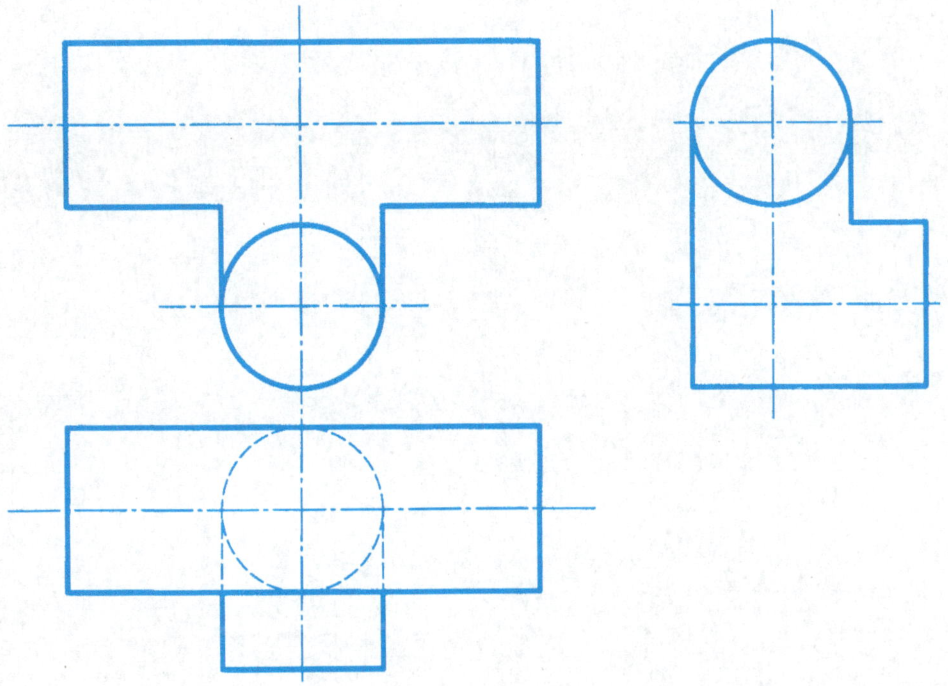

(4)

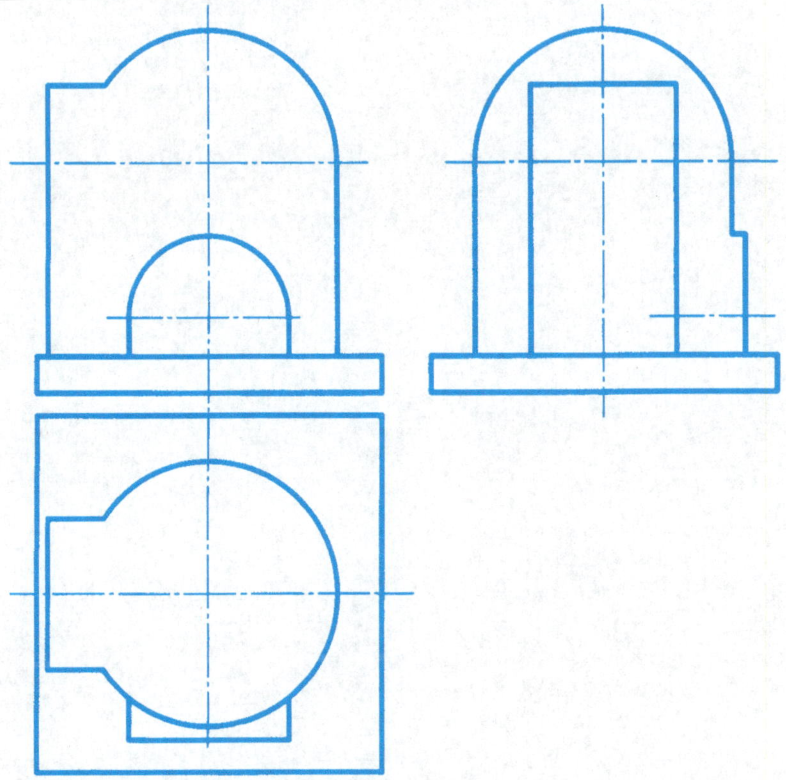

4－14　分析下列各形体的构成，并根据已知投影补画图中缺少的交线。

(1)

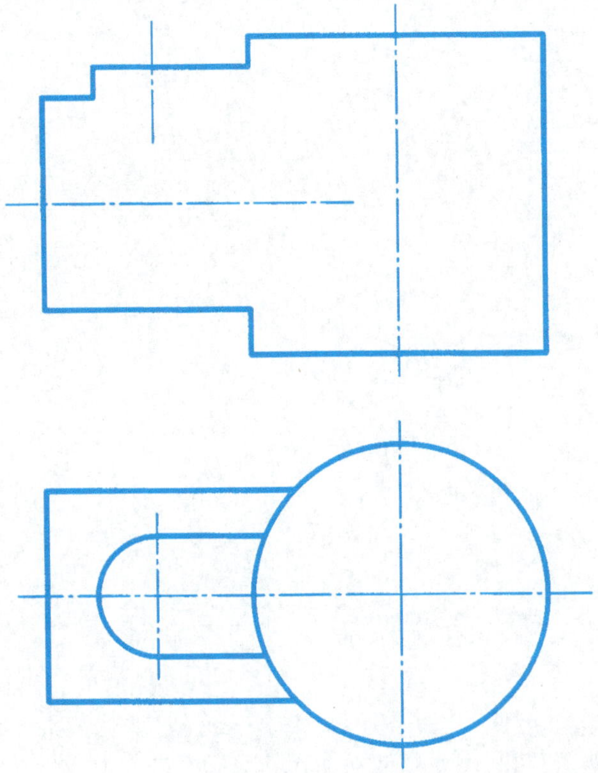

(2)

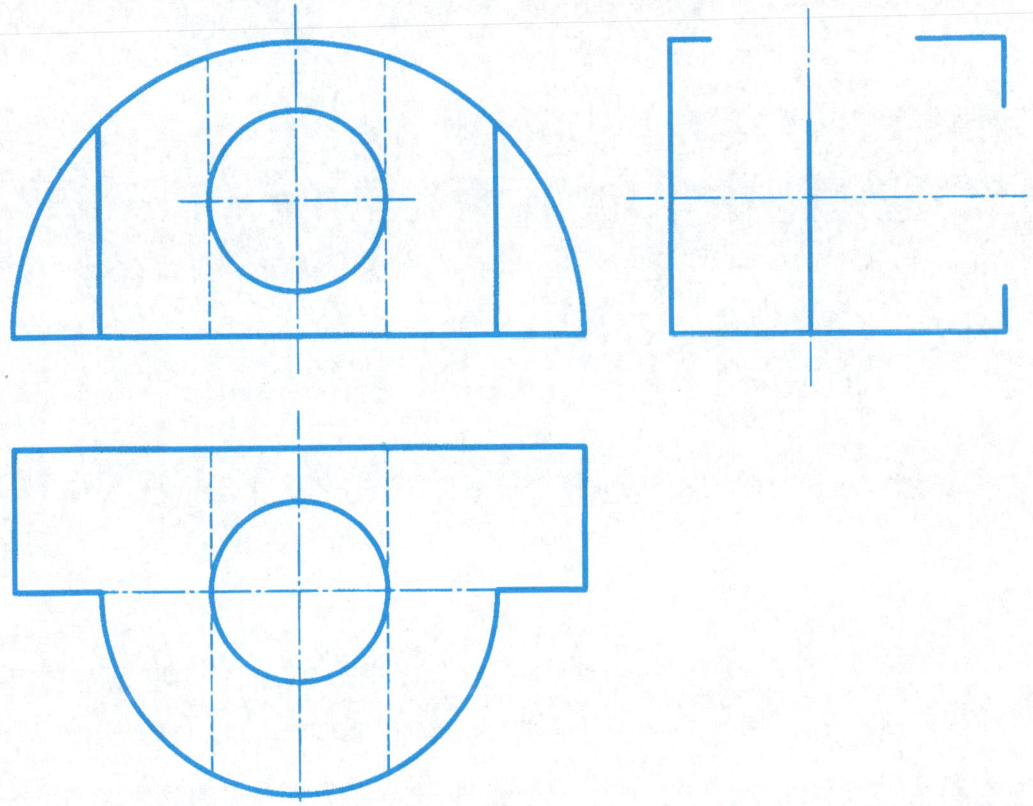

(3)

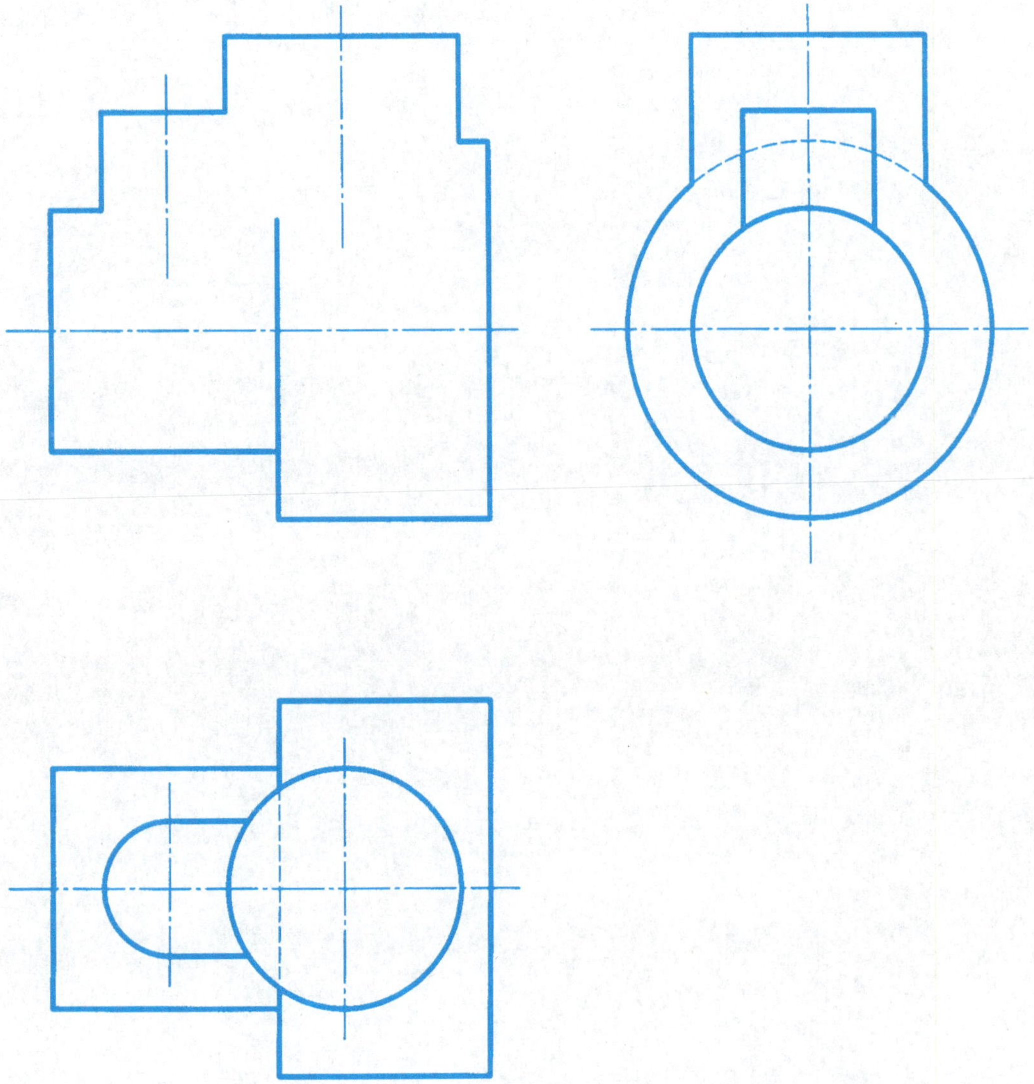

4-15 补画图中缺少的图线。

(1)

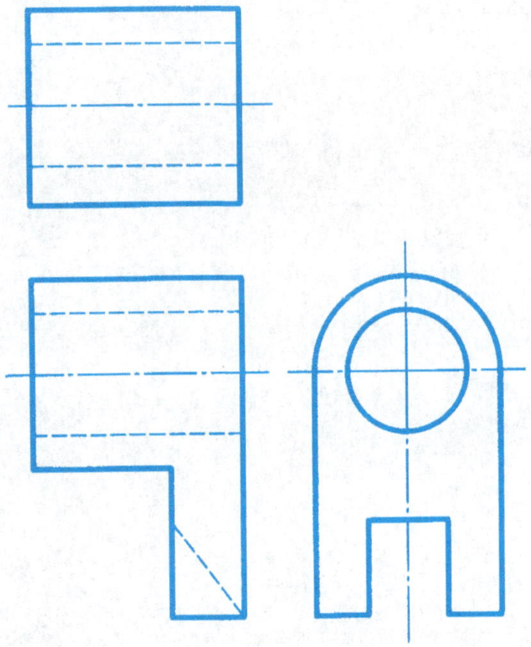

(2)

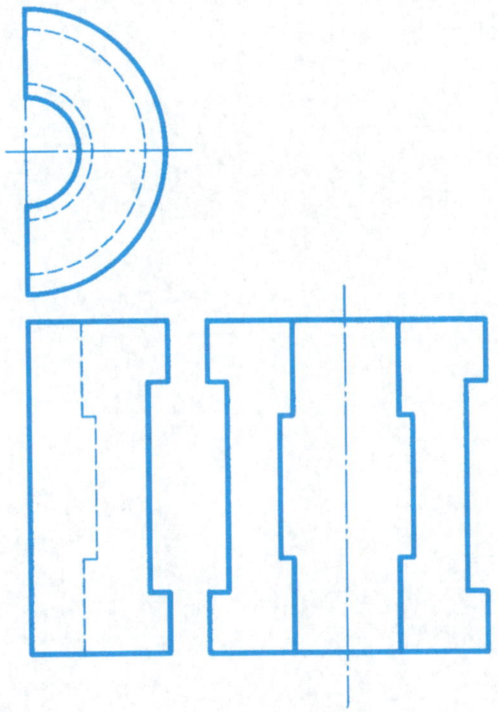

(3)

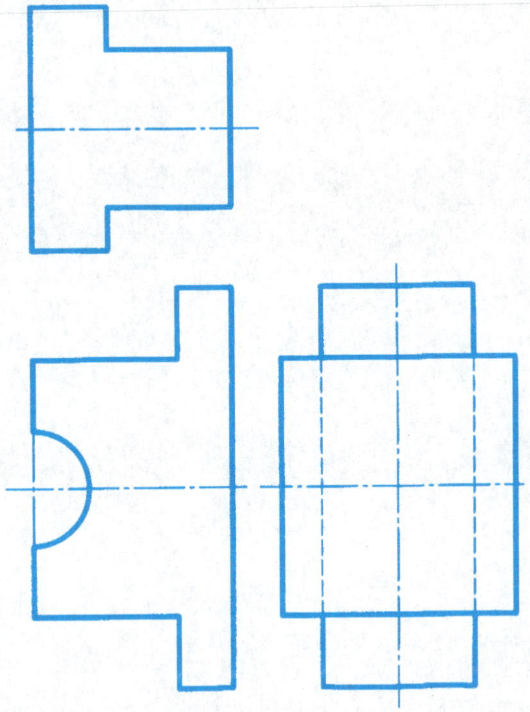

(4)

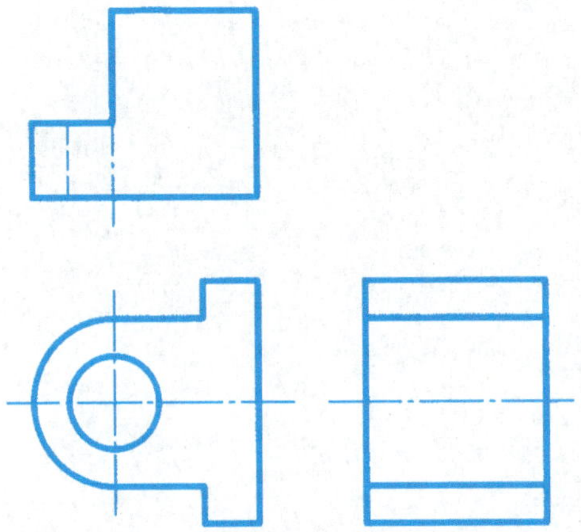

4-16 注意物体俯视图的变化，补全主视图中缺少的图线。

(1)

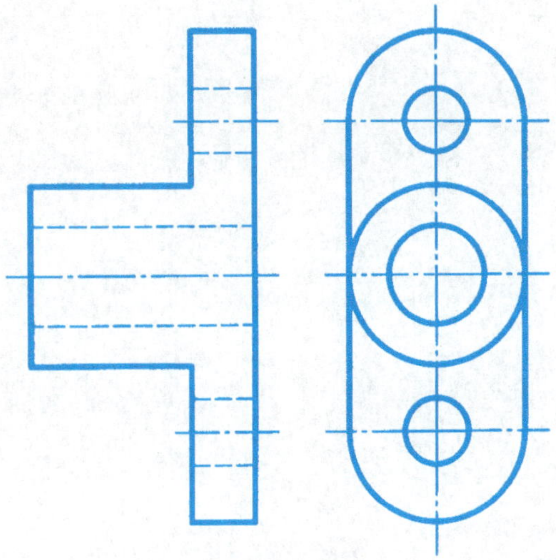

(2)

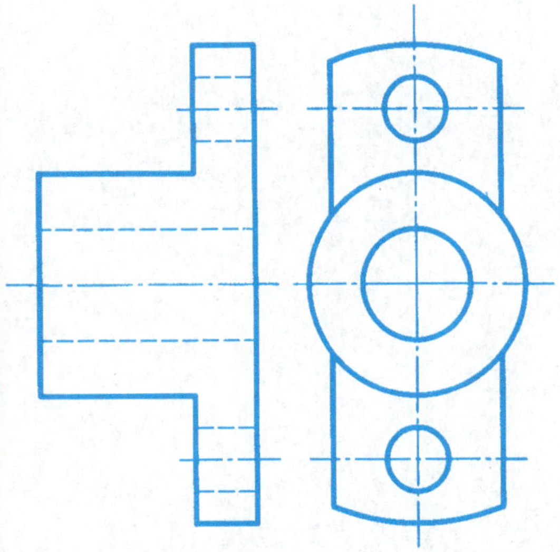

(3)

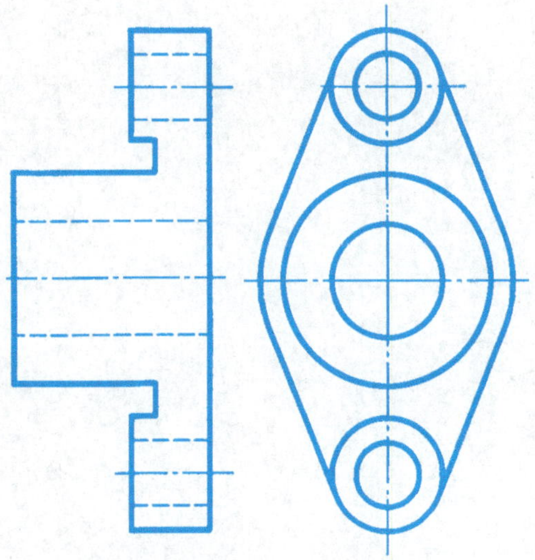

(4)

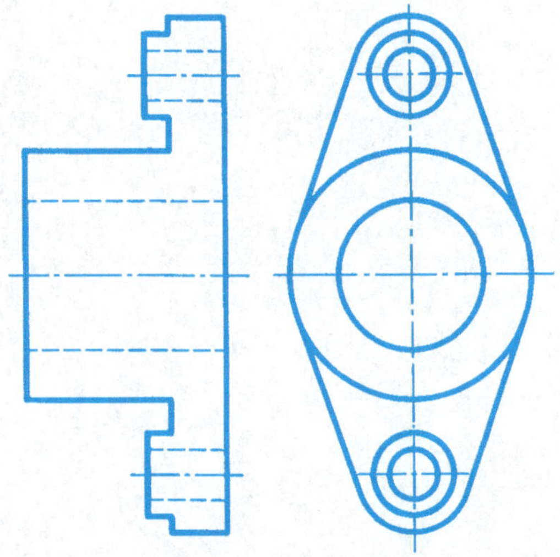

班级　　　　学号　　　　姓名

4－17　补全（1）～（3）中所缺的图线；补画（4）～（6）的第三视图。

(1)

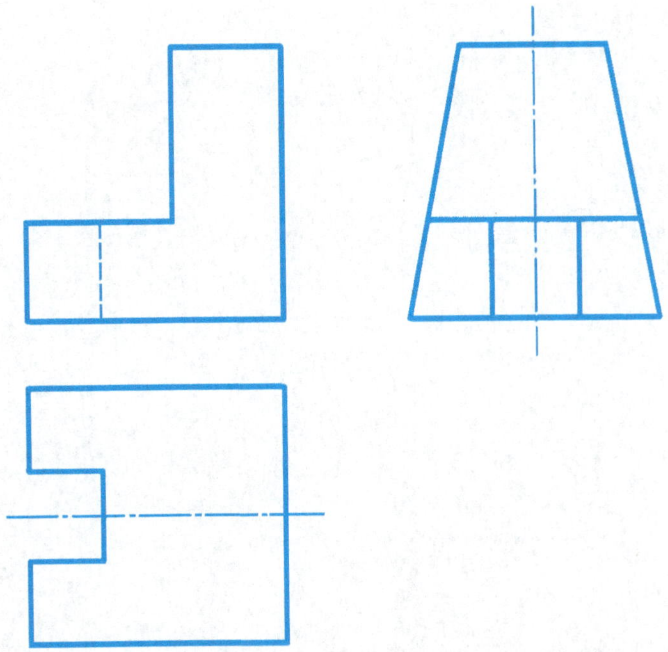

(2)

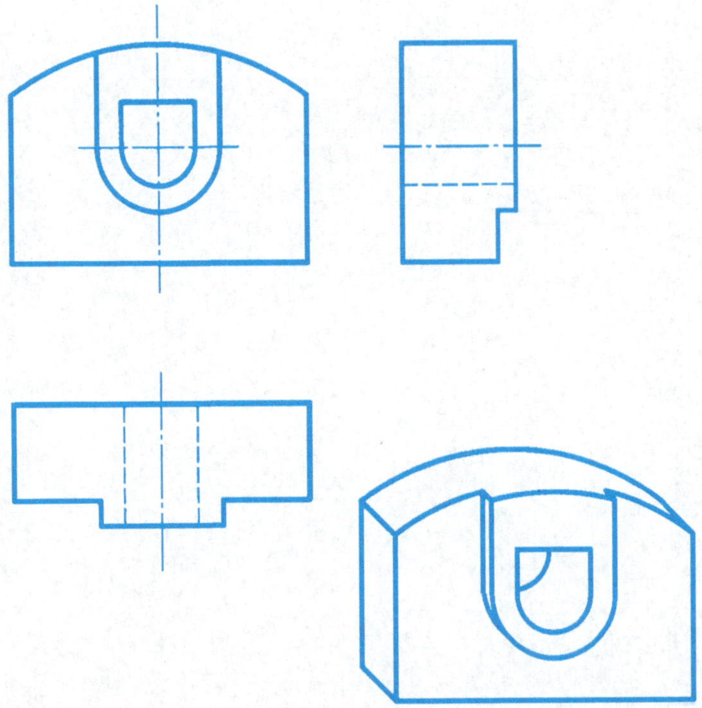

(3)

(4)

(5)

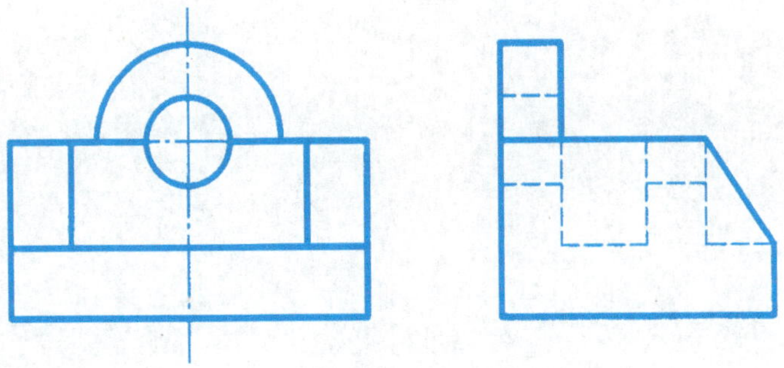

(6)

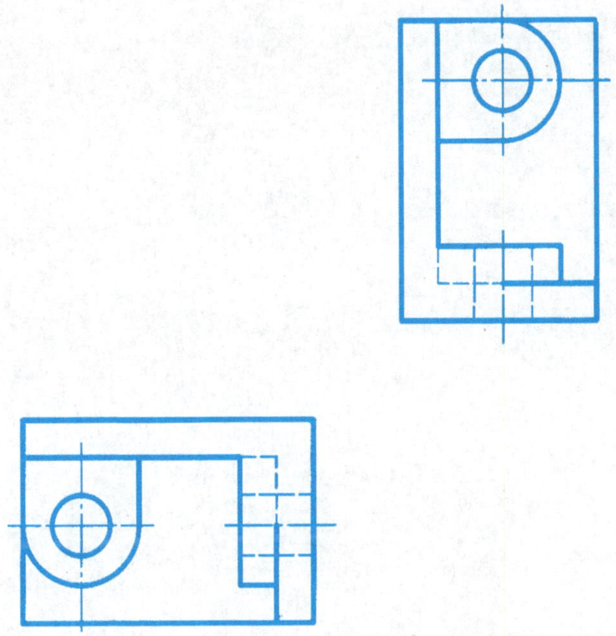

4－18　根据两视图补画第三视图。

(1)

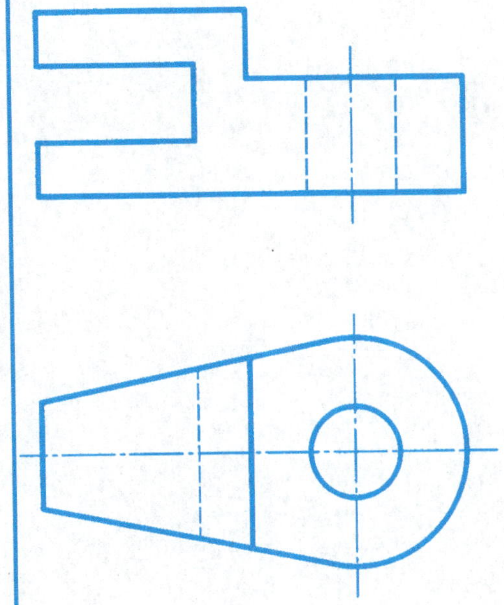

(2)

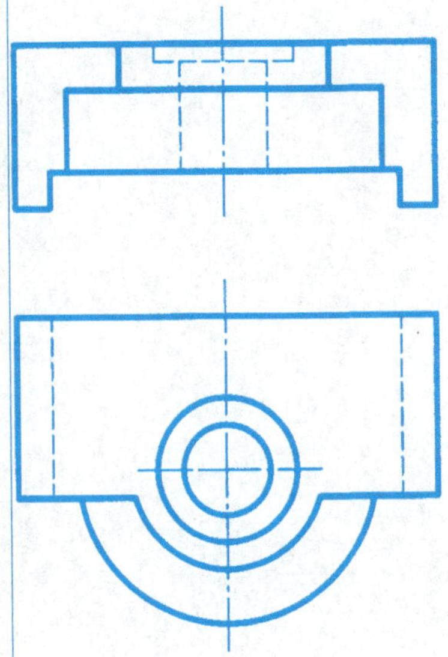

(3)

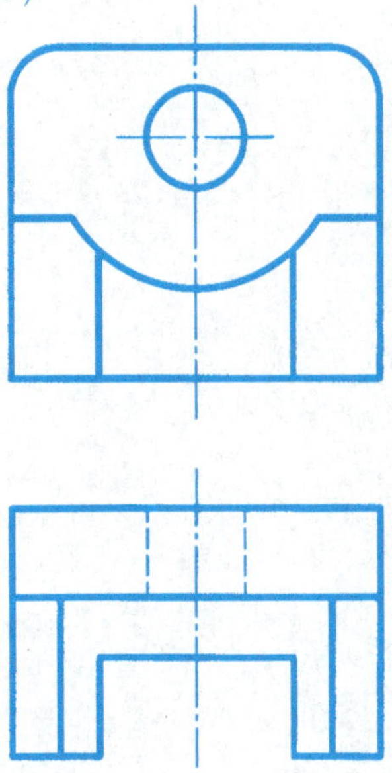

(4)

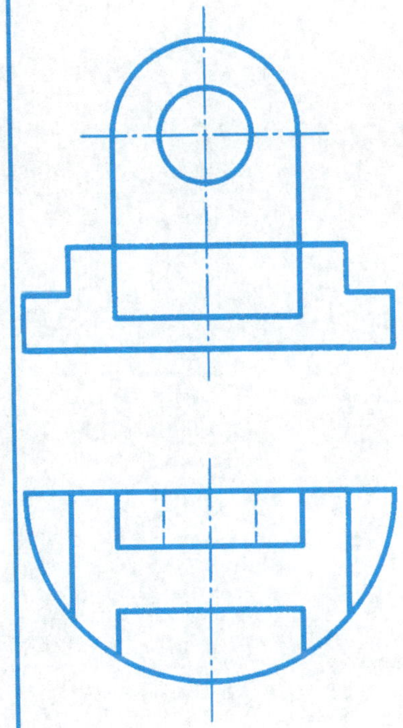

(5)

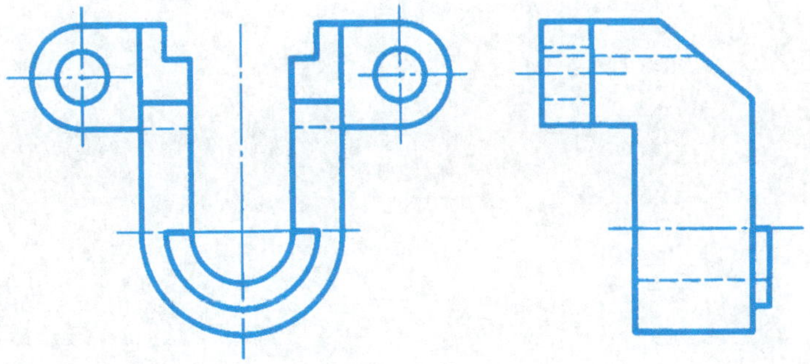

(6)

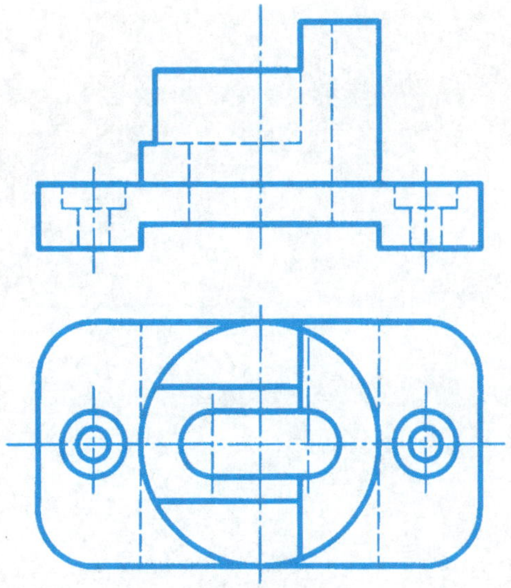

4－19　根据立体图，完成物体的三视图。

(1)

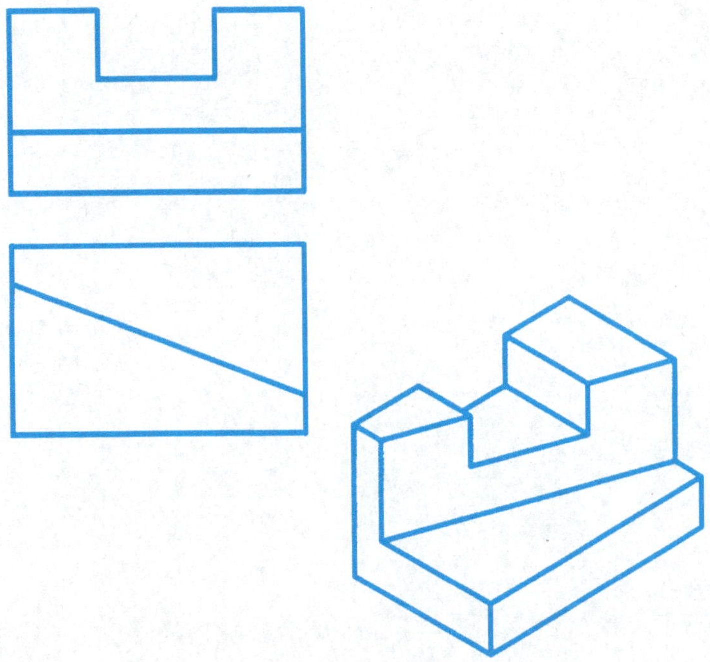

(2)

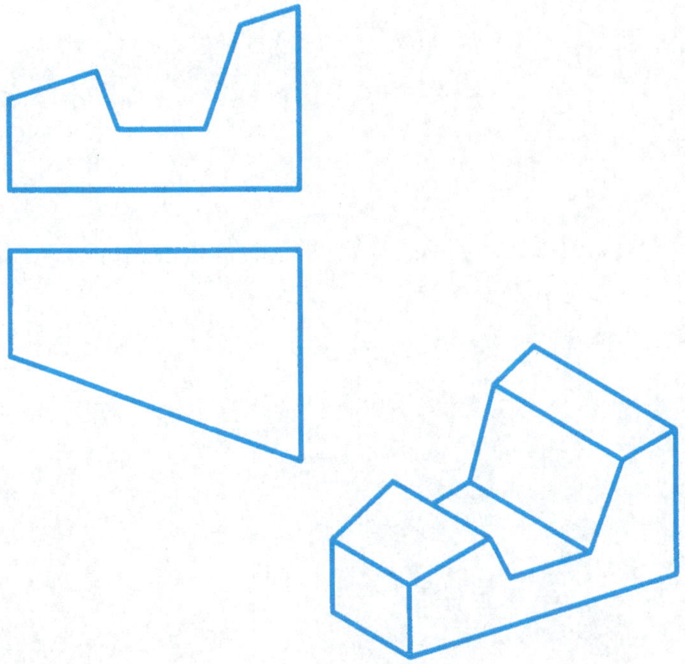

(3)

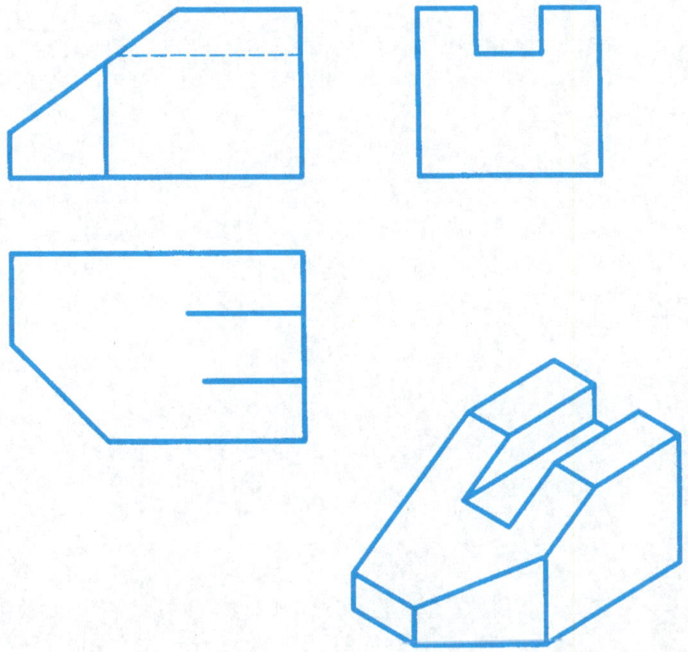

(4)

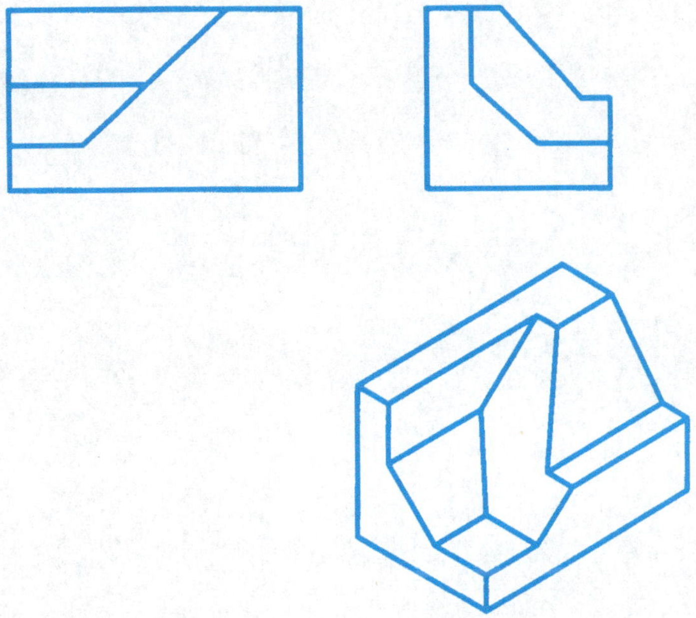

(5)

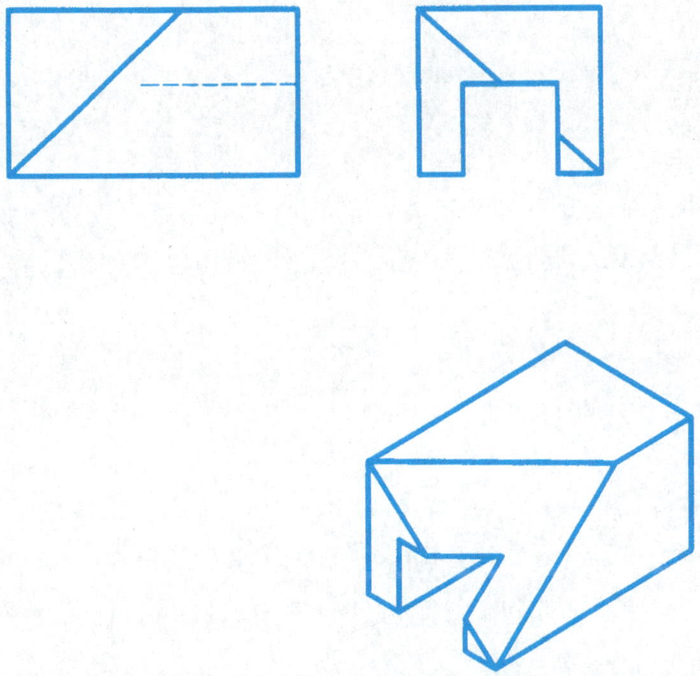

(6)

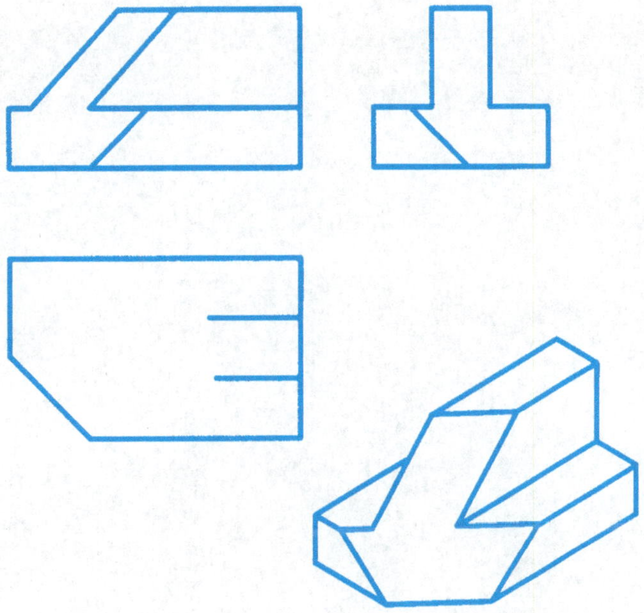

4－20　应用形体分析和线面分析法，想象出物体的形状，并画出三视图。

(1)

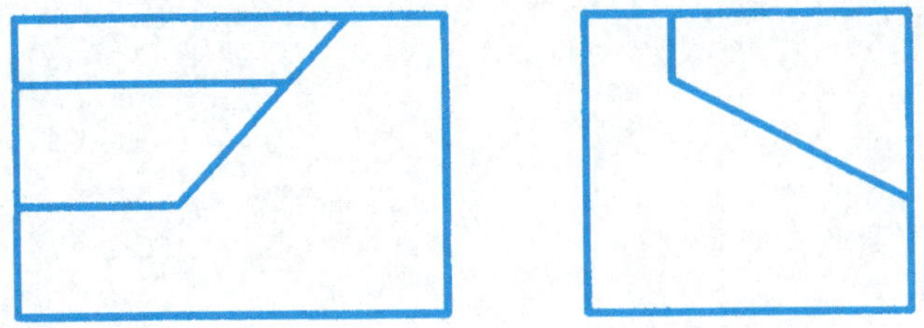

(2)

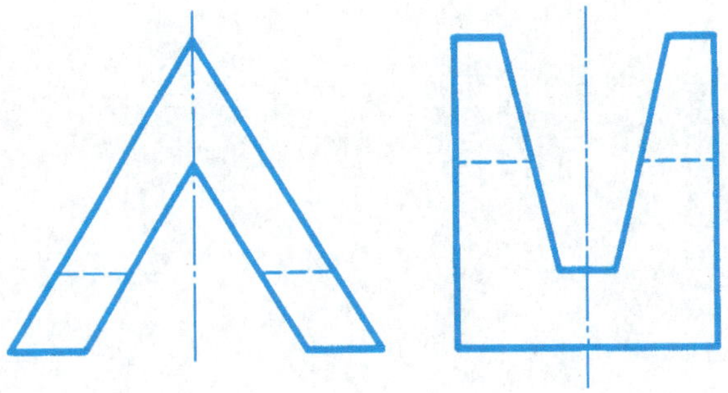

(3)

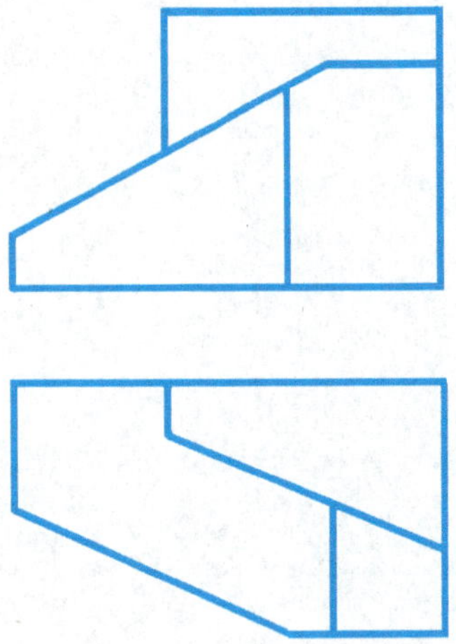

(4)

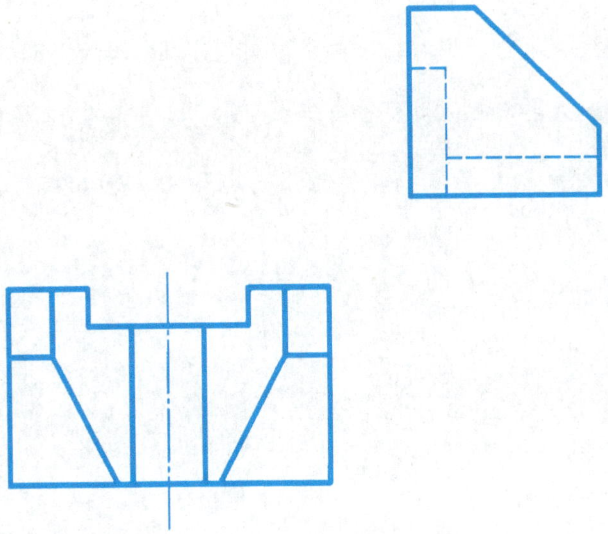

(5)

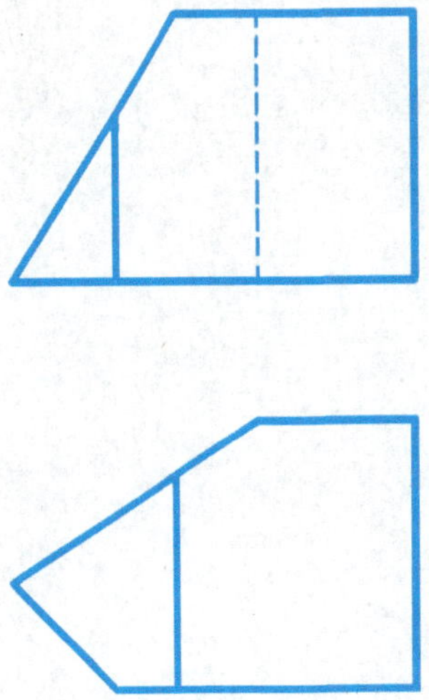

(6)

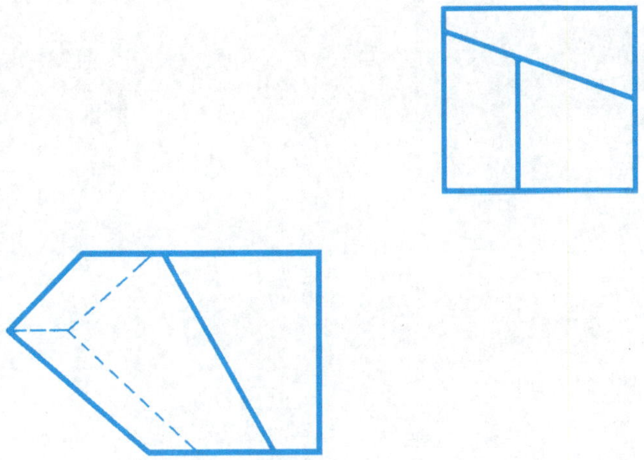

4－21 补画图中所缺的图线。

(1)

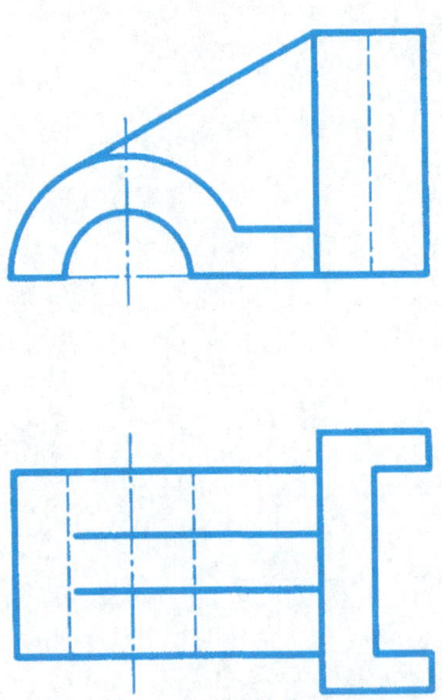

(2)

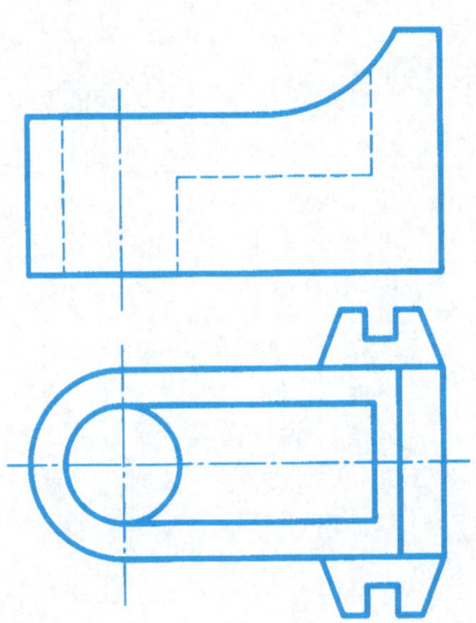

(3)

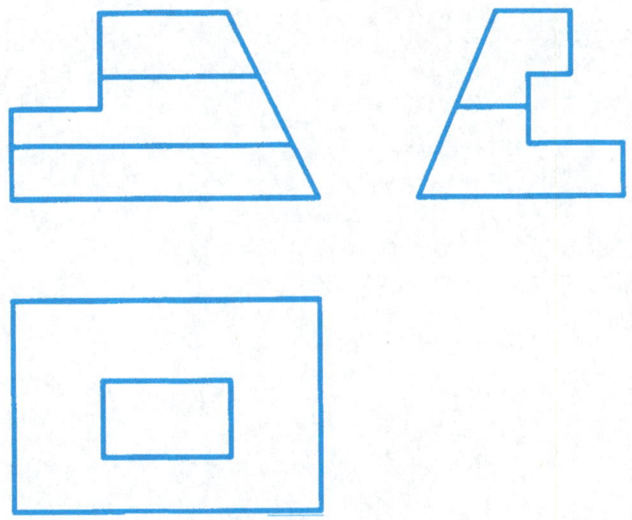

(4)

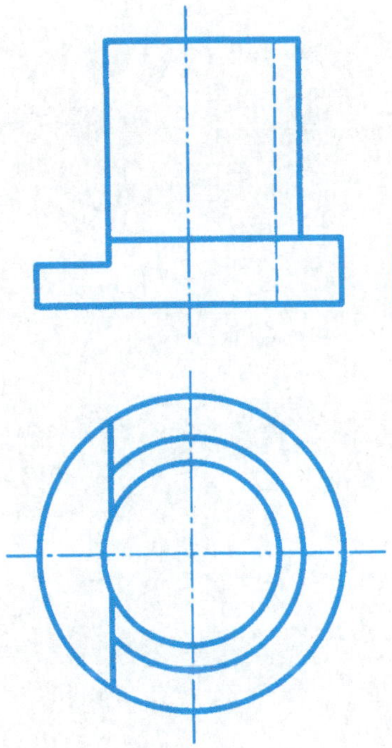

(5)

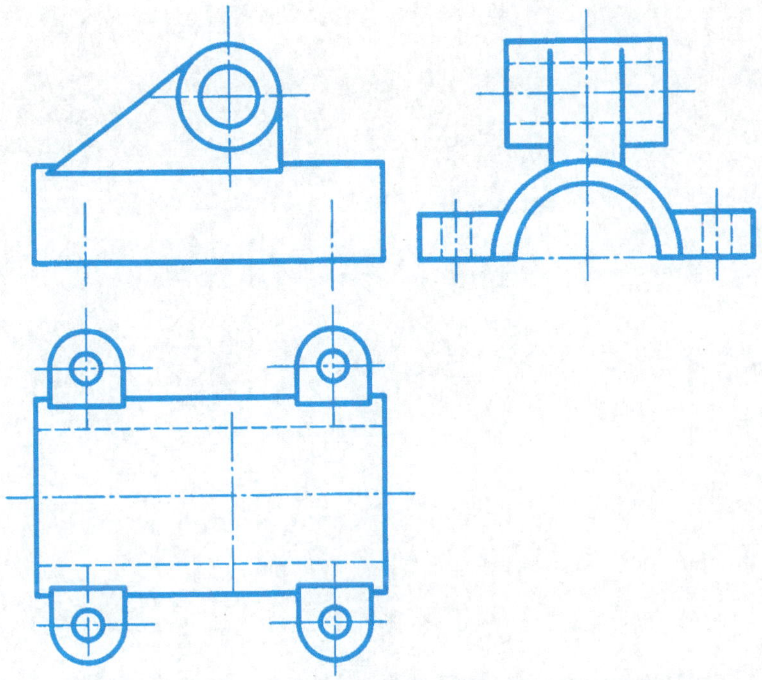

(6)

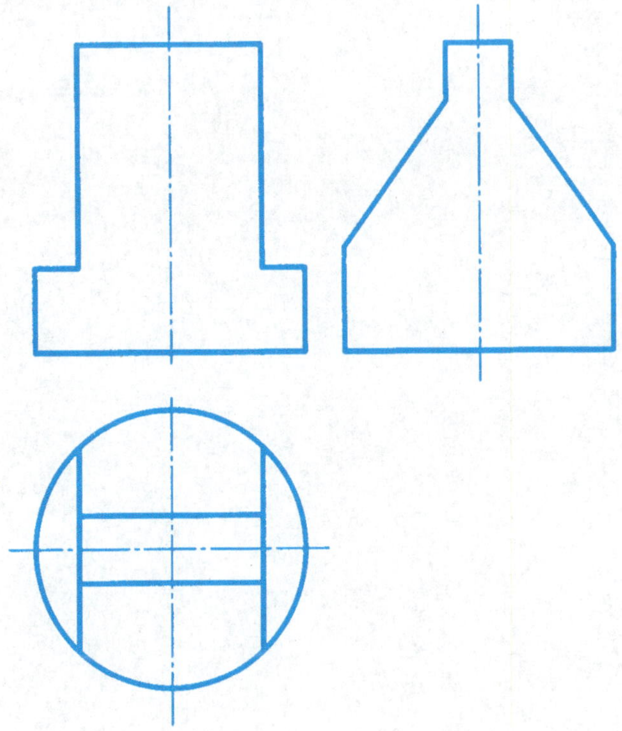

4－22　根据两视图补画第三视图。

(1)

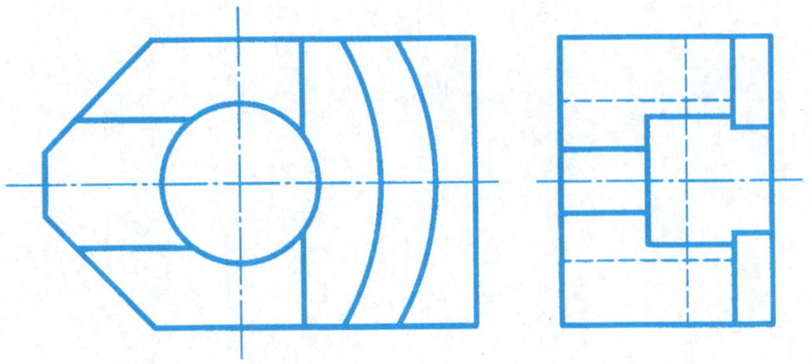

(2)

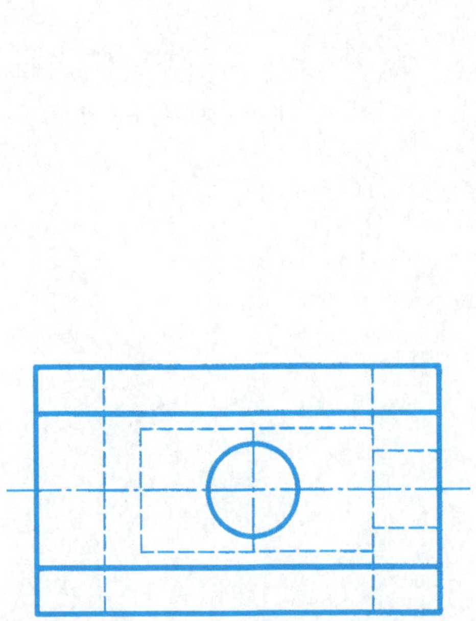

(3)

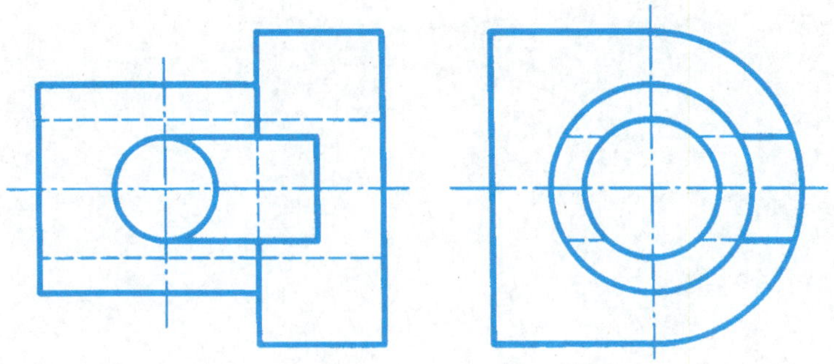

(4)

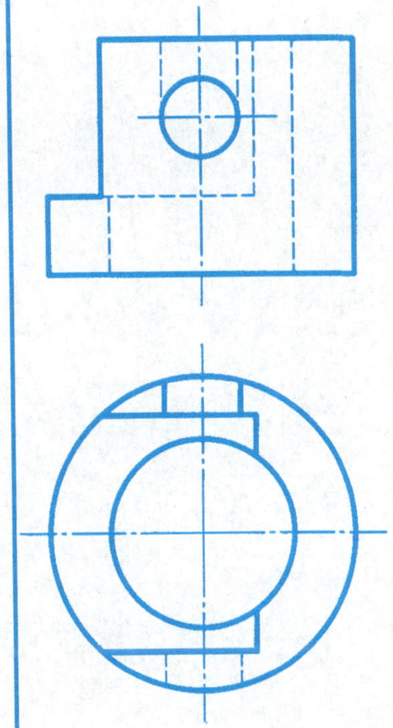

(5)

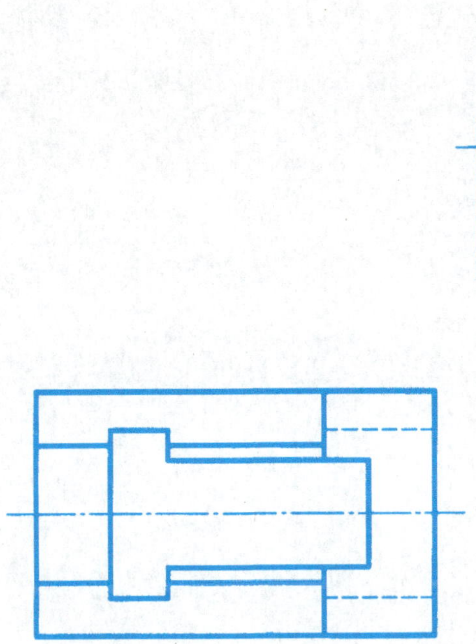

(6)

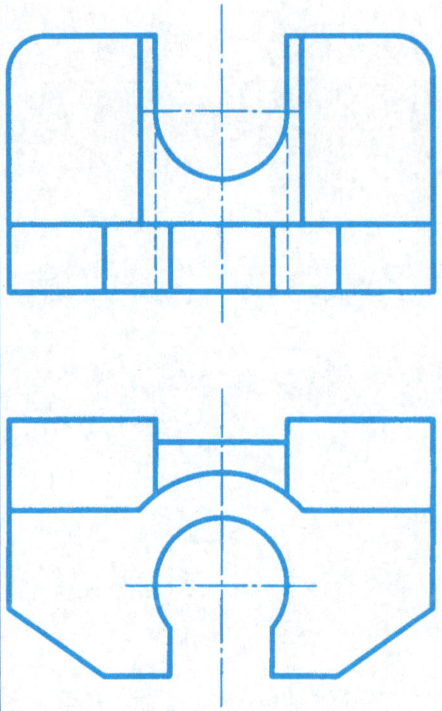

4-23　在下列物体的视图中标注尺寸（尺寸数字按比例1:1从图中量取）。

(1)

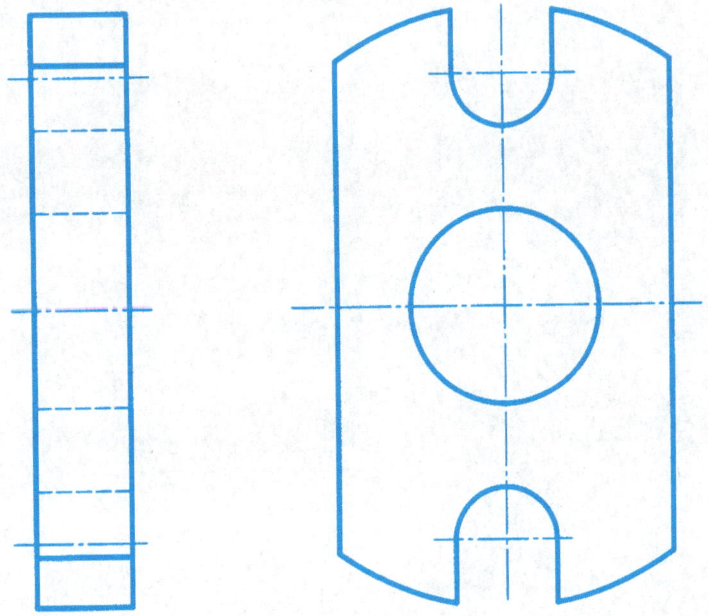

(2)

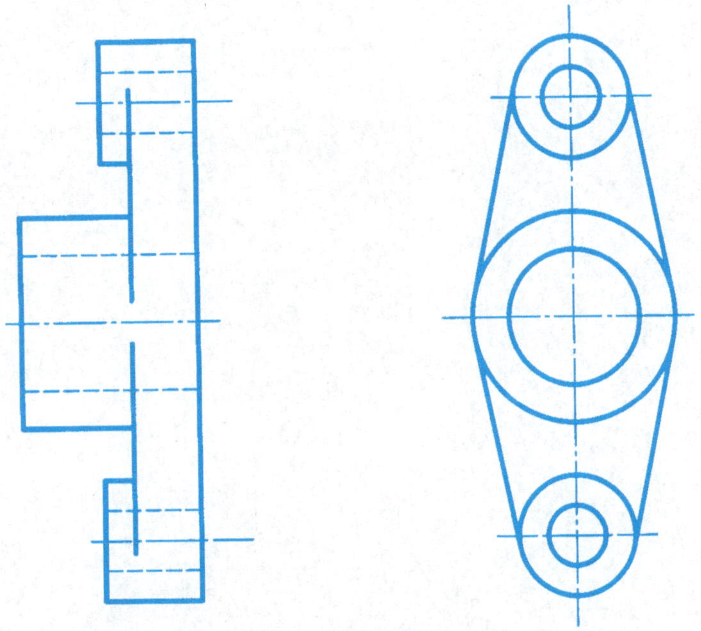

(3)

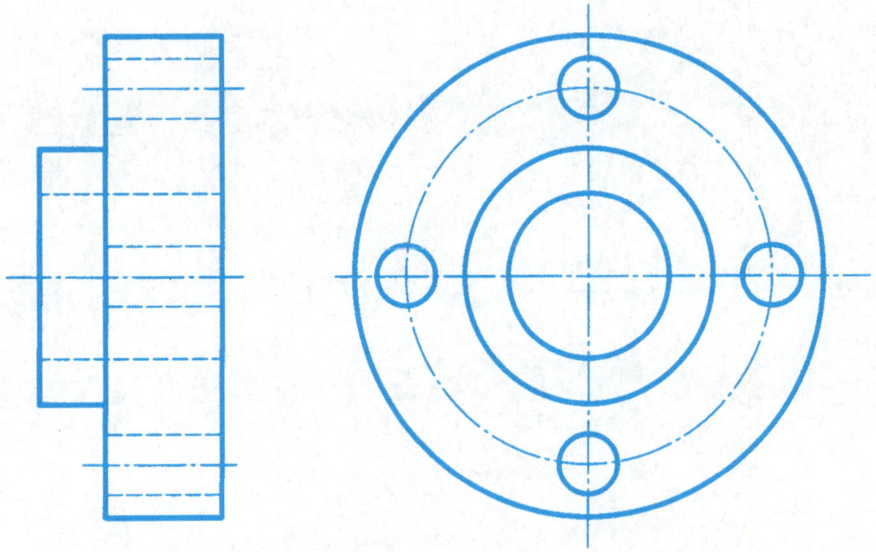

(4)

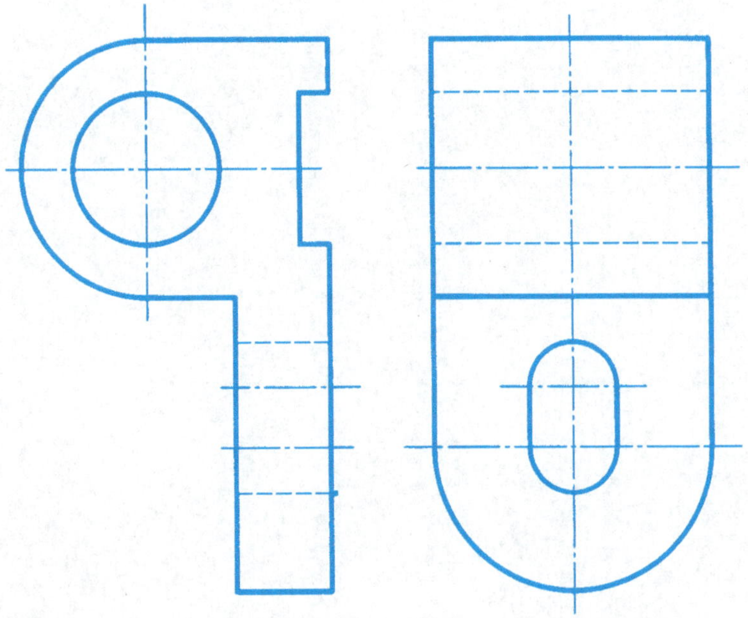

4-24 在下列物体的视图中标注尺寸（尺寸数字按比例 1:1 从图中量取）。

(1)

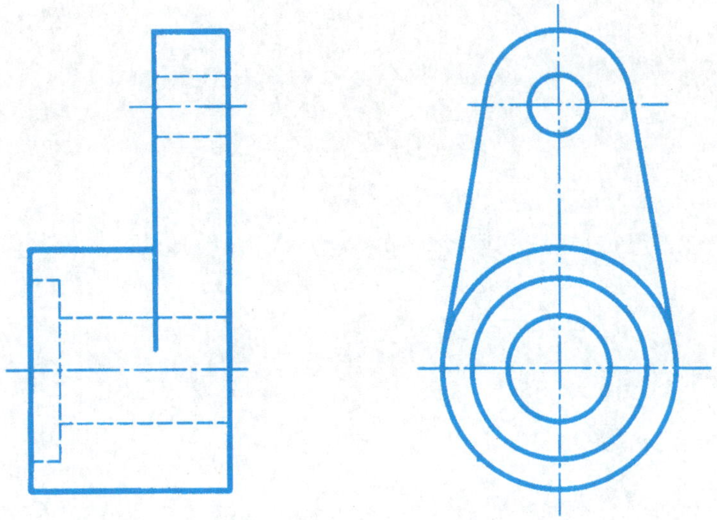

(2)

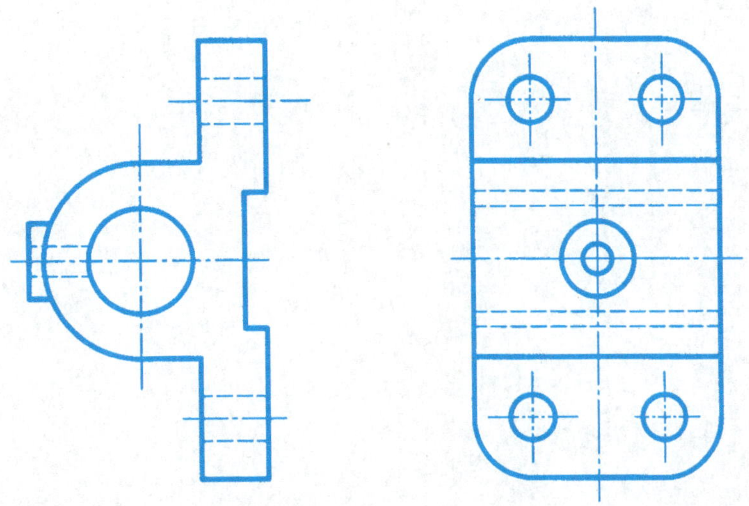

(3)

(4)

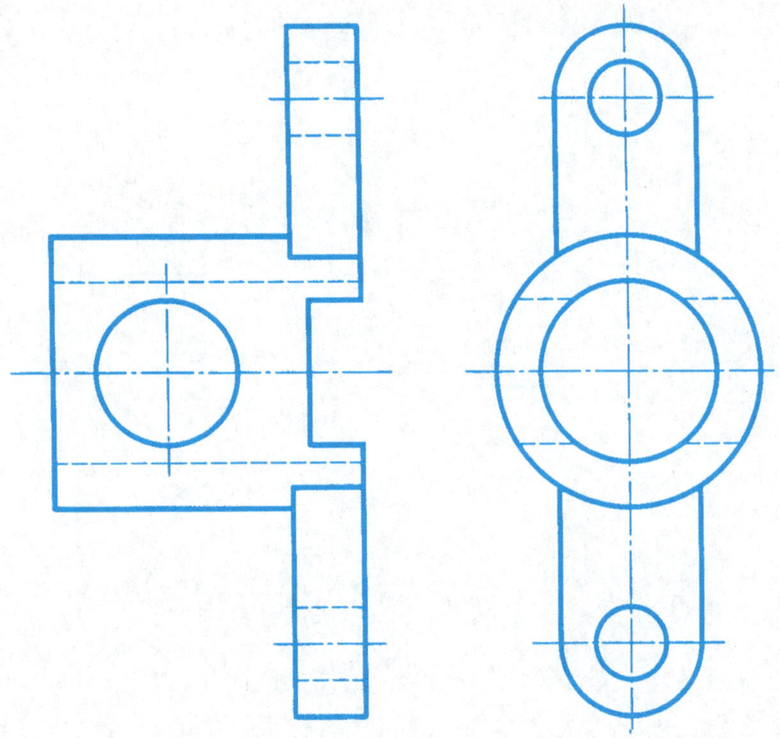

4－25　对号寻解。

(1) 已知主、俯视图，求左视图。

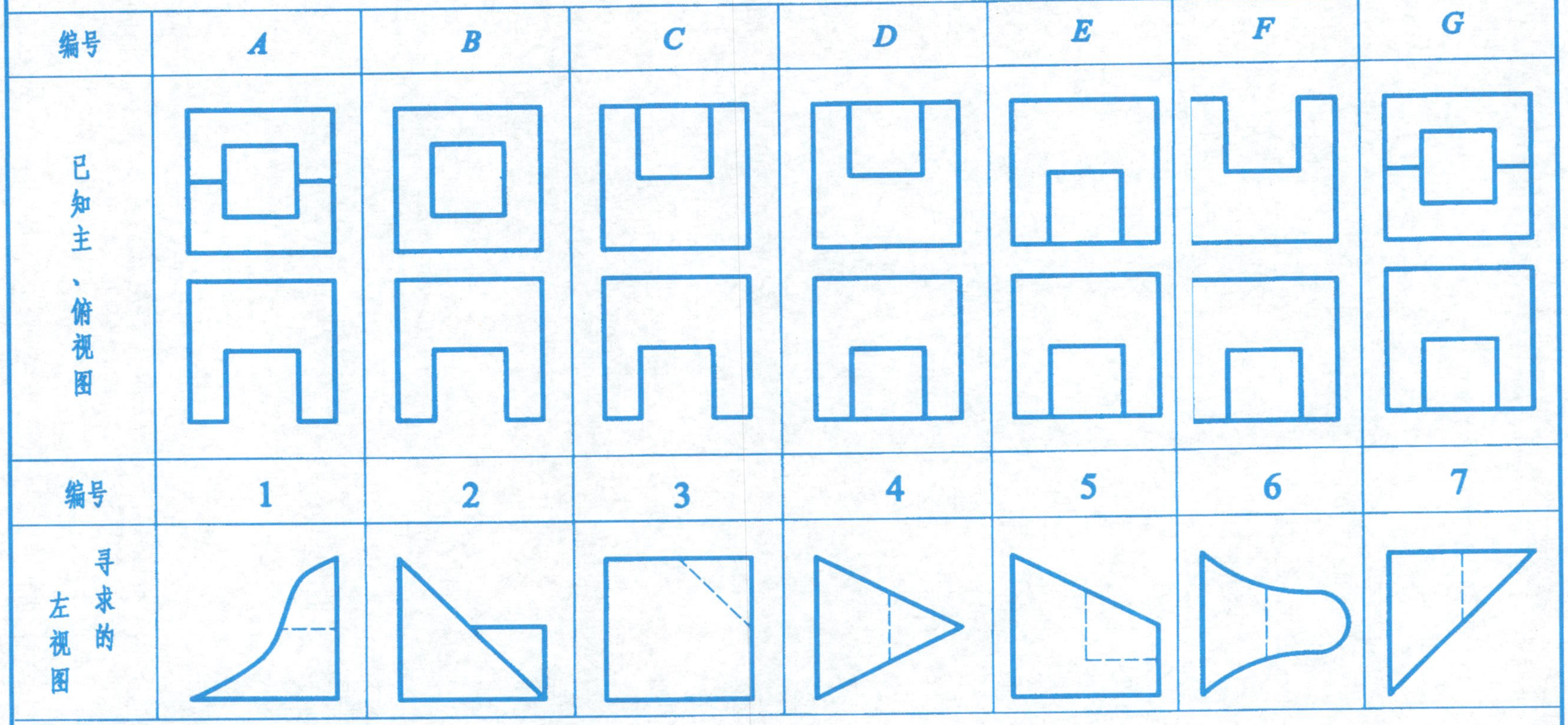

主、俯视图编号	A	B	C	D	E	F	G
填入对应的左视图编号							

(2) 已知主、左视图，求俯视图。

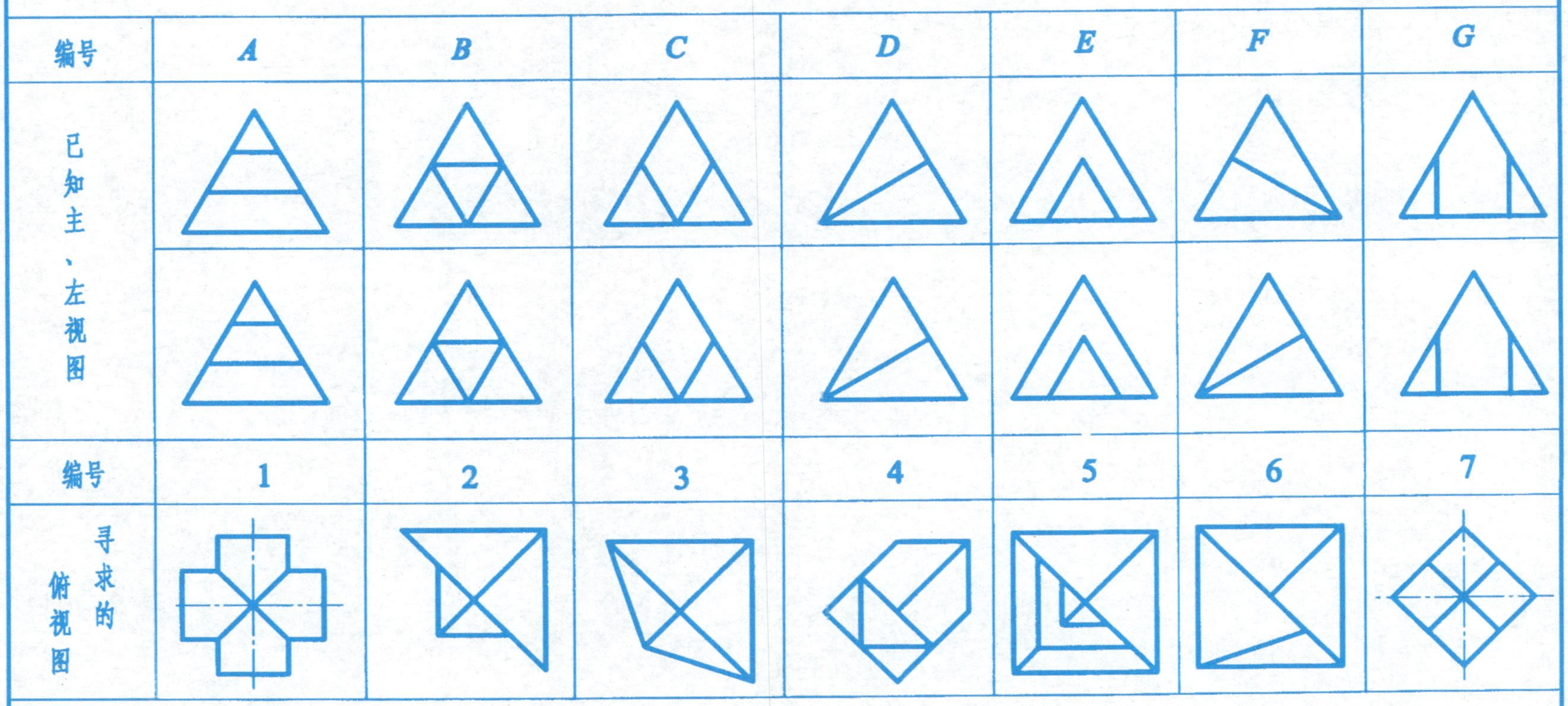

主、左视图编号	A	B	C	D	E	F	G
填入对应的俯视图编号							

4-26 弯丝构型。

(1)

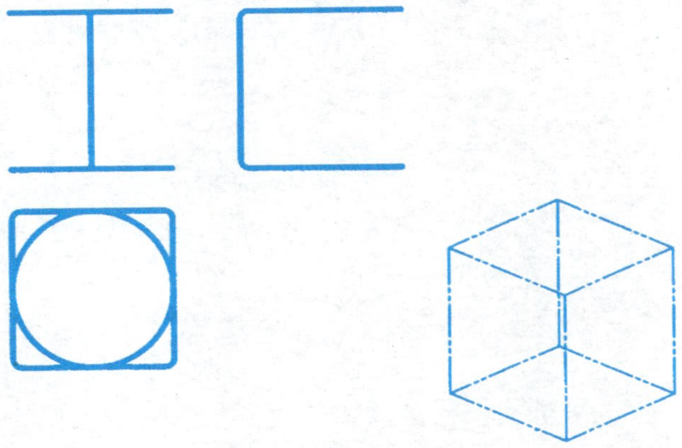

(2)

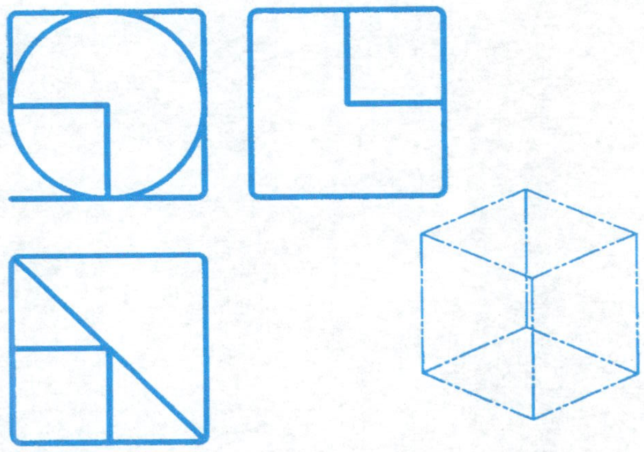

4-27 求互补几何体。

正几何体投影图	负几何体投影图
(1) 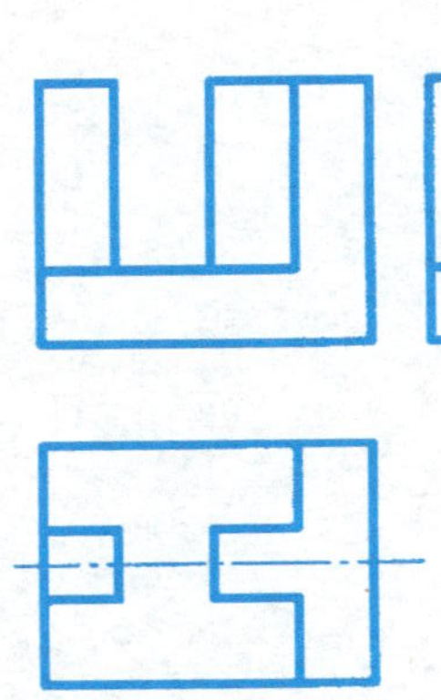	
(2) 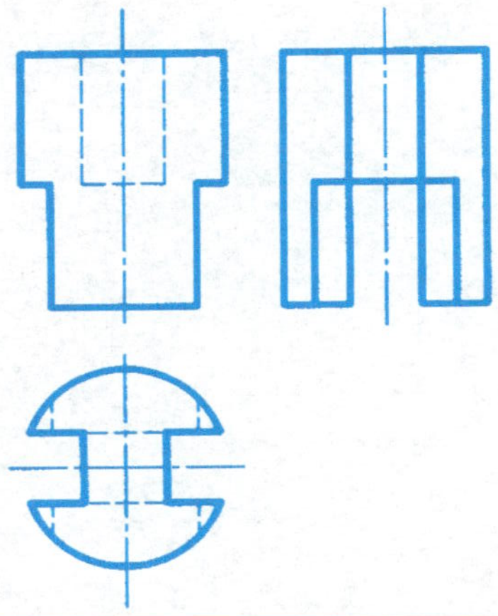	

4-28 一题多解。

(1)

(2)

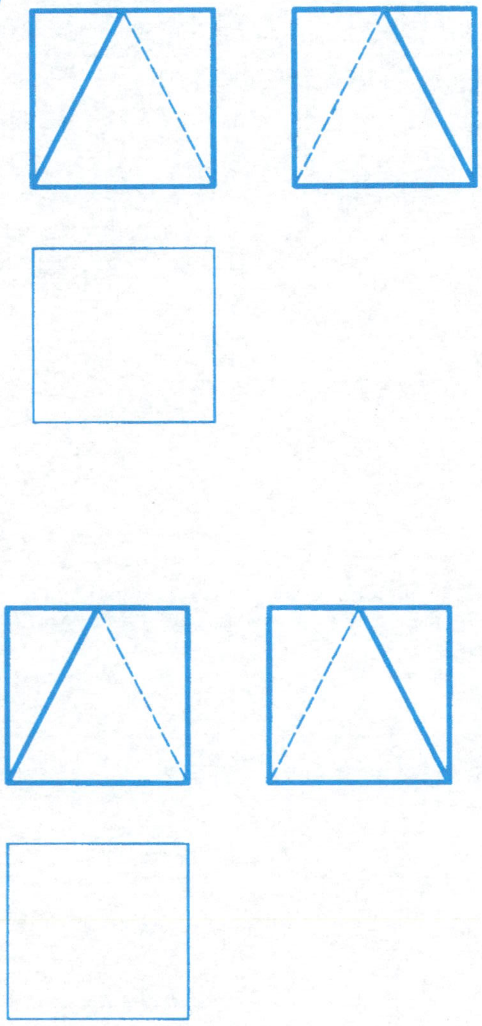

4－29　已知正几何体的左视图及部分俯视图，补全三视图，再求负几何体的三视图。

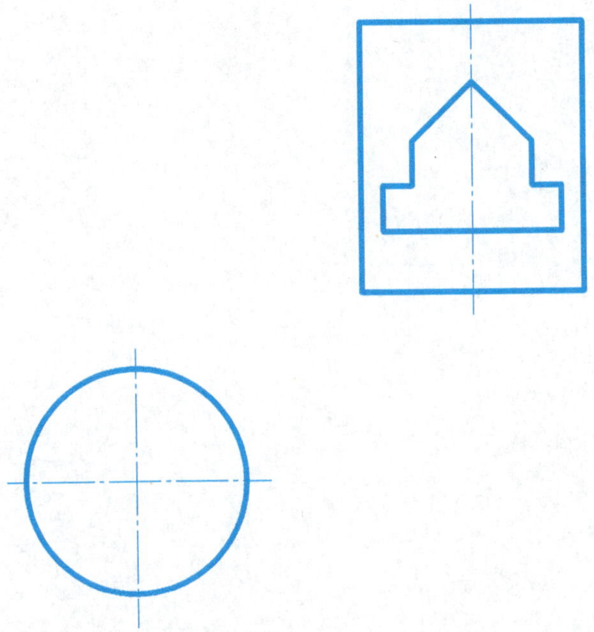

正几何体

负几何体

4－30　已知正几何体的主、俯视图，补画其左视图，再求负几何体的三视图。

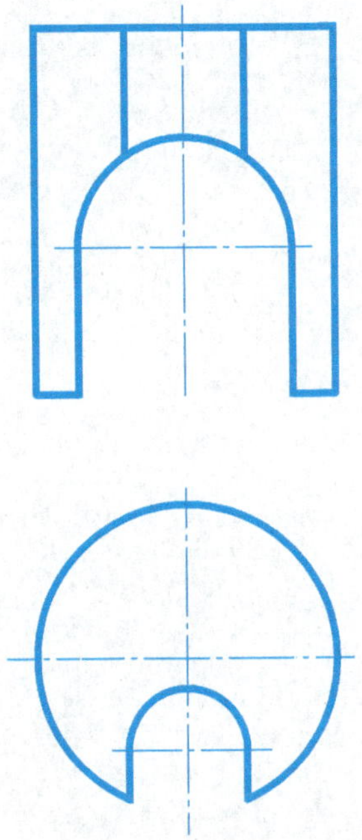

正几何体

负几何体

4－31　已知正几何体的俯、左视图，补画其主视图，再求负几何体的三视图。

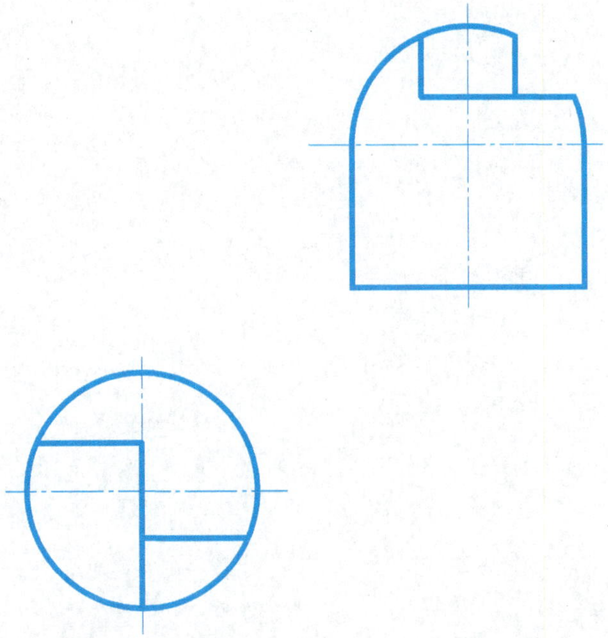

正几何体

负几何体

4-32 研究图示凸五边形的结构特征，根据图示尺寸，求解该五边形，以完成图形的契合。

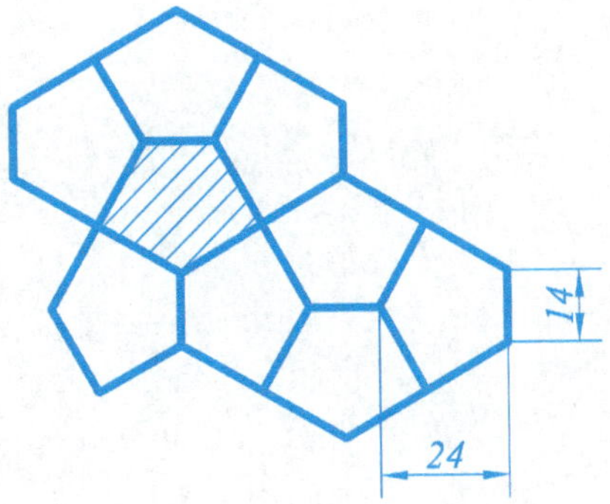

4-33 研究图示凸六边形契合的结构条件，选择合适的比例，绘制由凸六边形构成的契合图形，并简单说明应满足的几何条件。

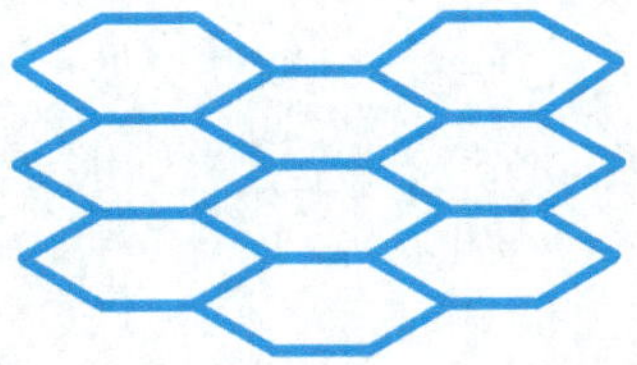

4-34 在矩形广场内种植植物，面积为原矩形面积的一半，并与原矩形广场共中心。已知矩形广场如图，求解矩形种植面。

4-35 研究图示多边形，根据其相互契合的特征（阴影区 A 与空白区 B 图形全等），结合给定尺寸，图解该多边形。

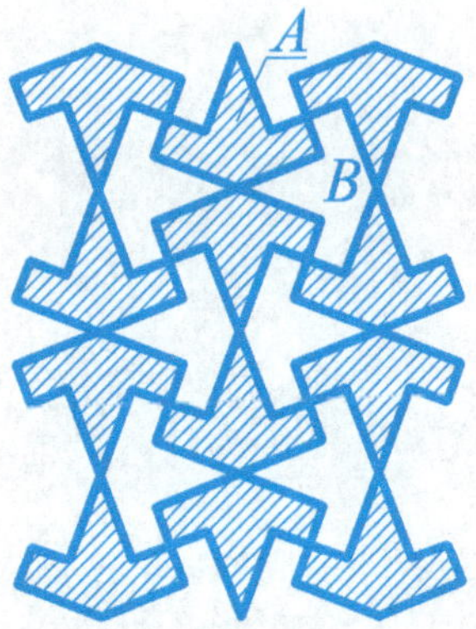

5－1 根据物体的视图画出正等轴测图。

(1)

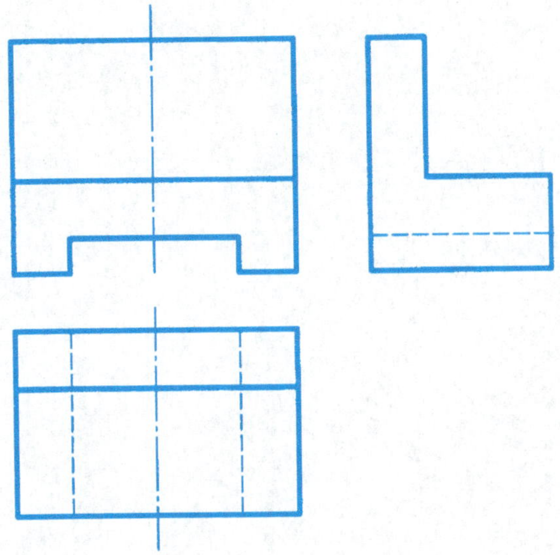

(2)

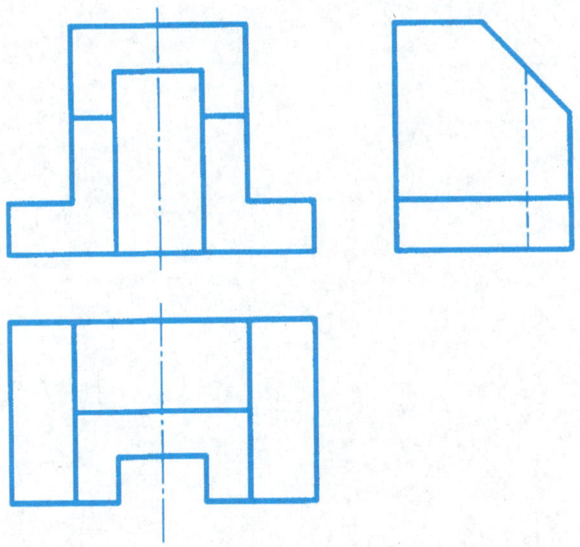

(3)

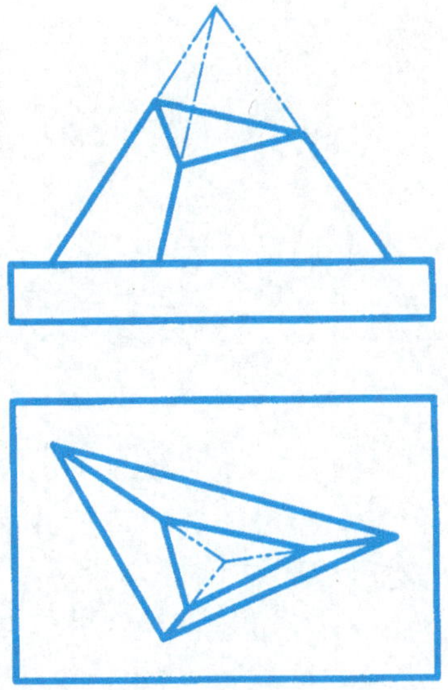

5－2　根据物体的三视图画出正等轴测图。

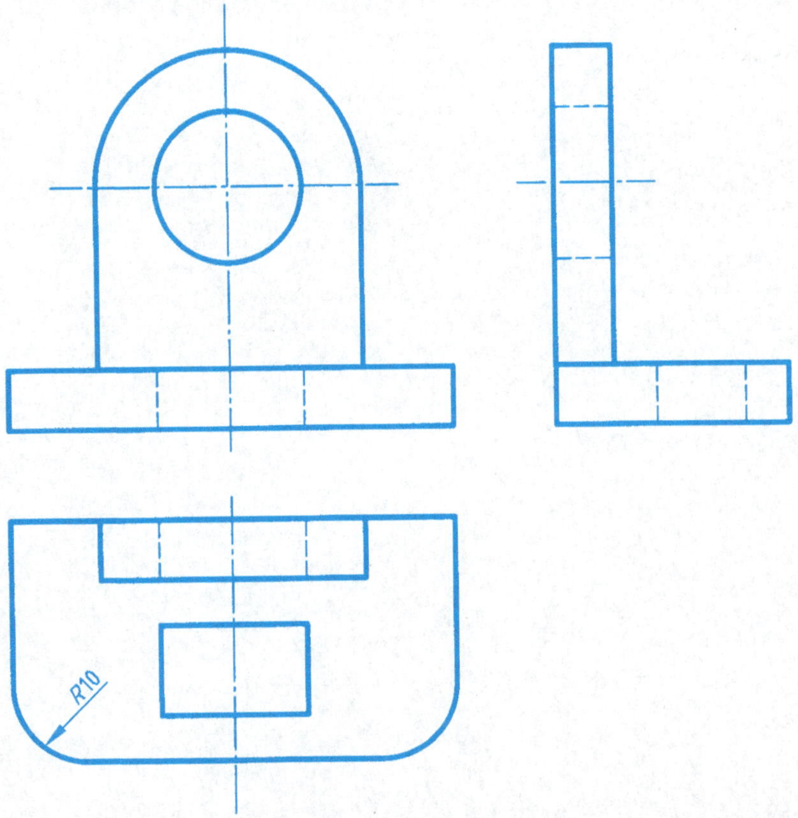

5－3　根据立体的两视图，画出它的斜二等轴测图。

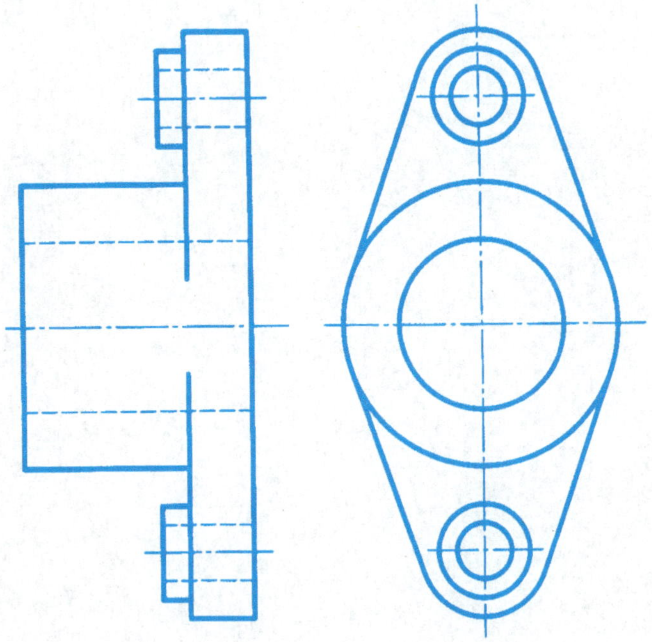

6－1　画出截头三棱锥表面的展开图。

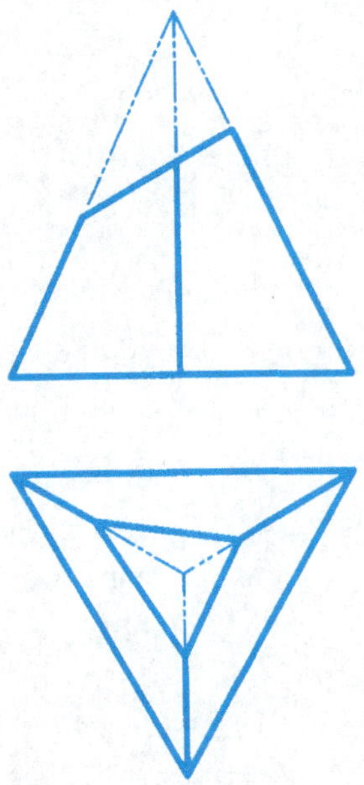

6－2　画出穿孔截头圆锥表面的展开图。

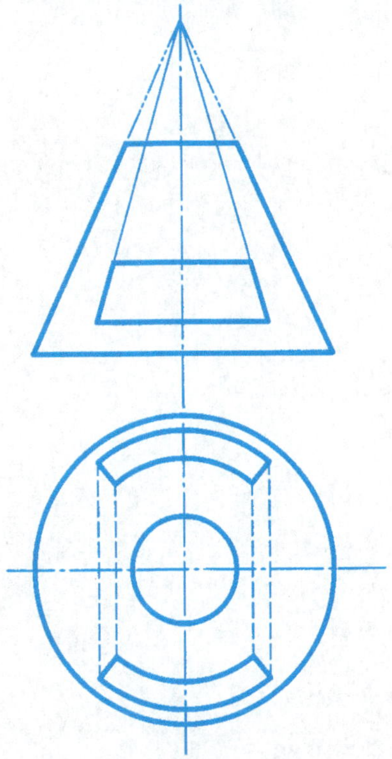

6－3　画出方－圆变形接头表面的展开图。

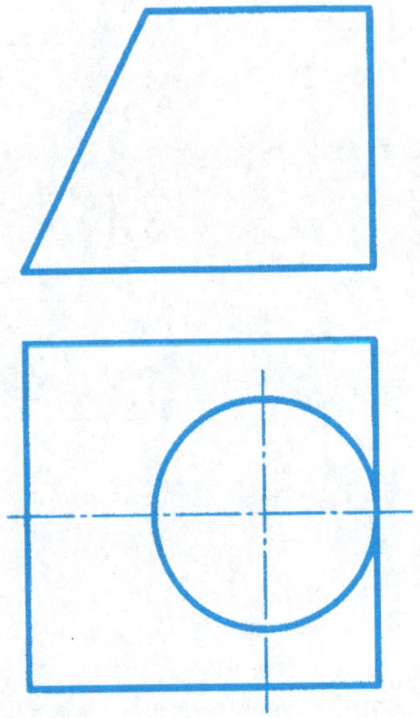

6－4　设计一变形纸盒，用以包装直径为 80 mm，高度为 100 mm 的圆柱形瓶体。选择适当比例，在此画出其盒体表面展开图。

6－5　按 4∶1 的比例，依展开图，用卡纸制作一个包装盒。

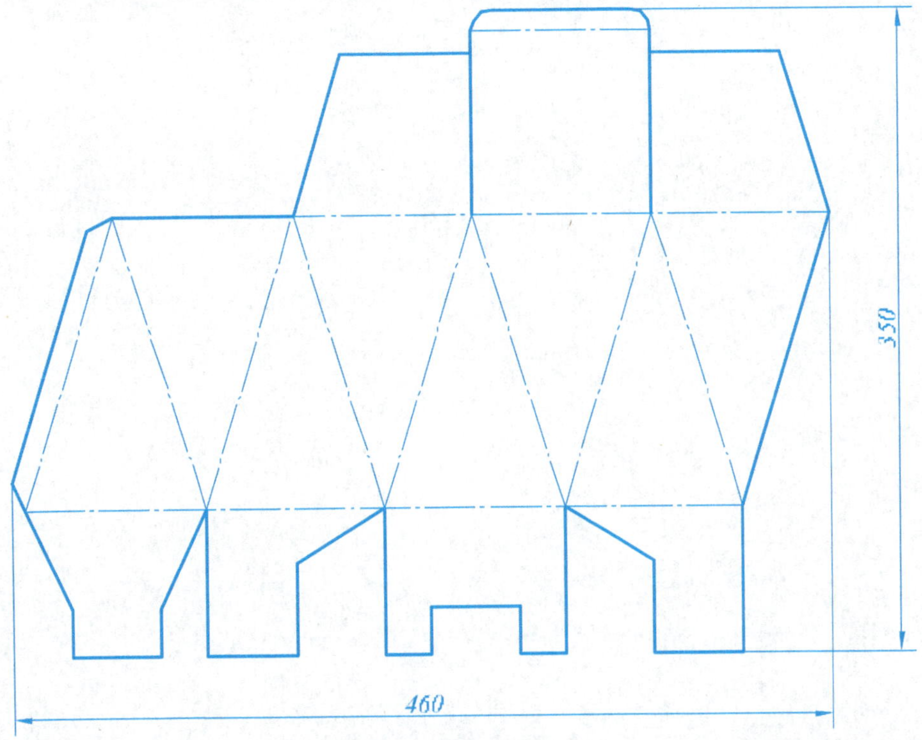

6－7　按 4∶1 的比例，依展开图，用卡纸制作一个包装盒。

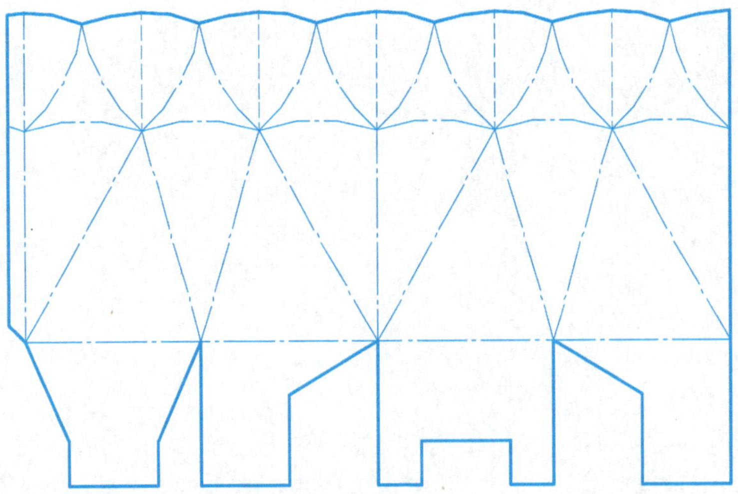

6－6　采用与 6－5 题同长、宽的卡纸，通过改变折线位置改变纸盒的形状，用卡纸设计制作一个包装盒，并按照 1∶4 的比例绘制展开图。

6－8　利用一张 480mm×400mm 的卡纸，设计制作一个两联包装盒（内部分割成两个容积大小相等的部分），并按 1∶5 的比例绘制展开图。要求盒体展开后各面依然是相连的。在下列线框内添加对应切断线、凸折线与凹折线，以形成包装展开图。

7－1　求作点 *A* 在 *H*、*V* 面上的落影。

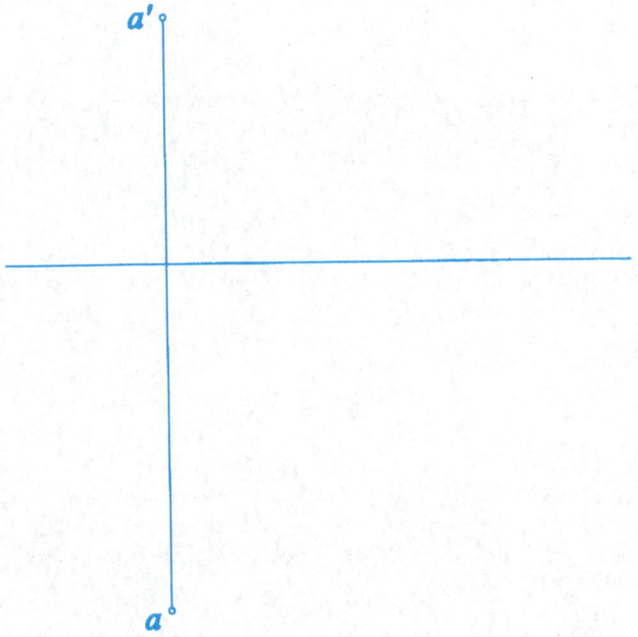

7－2　求作点 *A* 在矩形正垂面上的落影。

7－3　求作点 *A* 在 *BCDE* 平面上的落影。

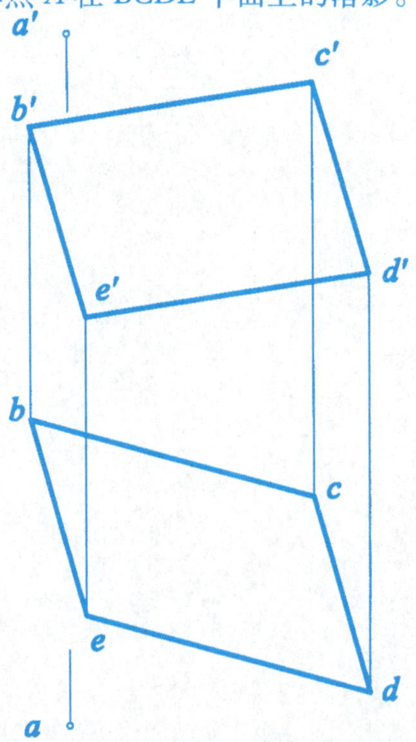

7－4　求作直线 *AB* 在 *H*、*V* 上的落影。

(1)

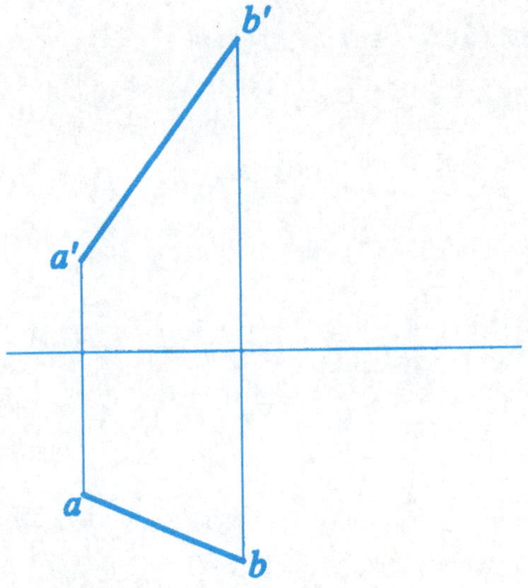

(2)

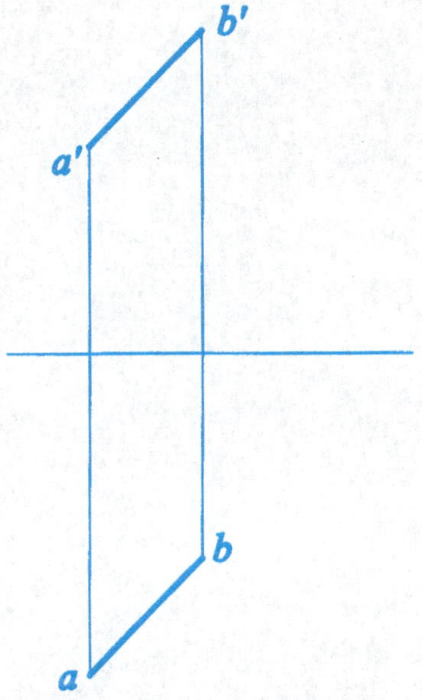

(3)

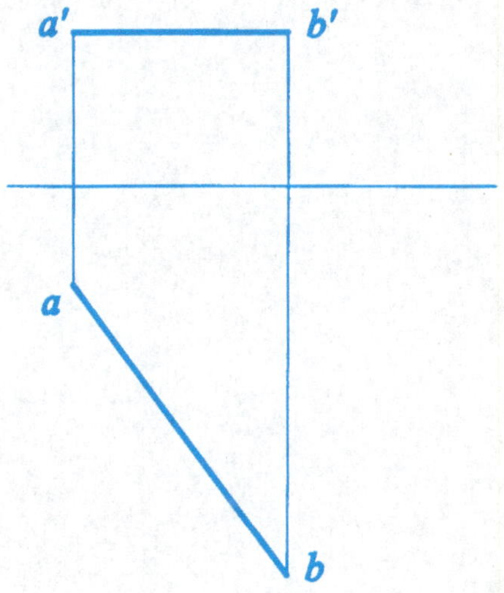

7－5　求直线 *AB* 在 *H*、*V* 面上的落影。

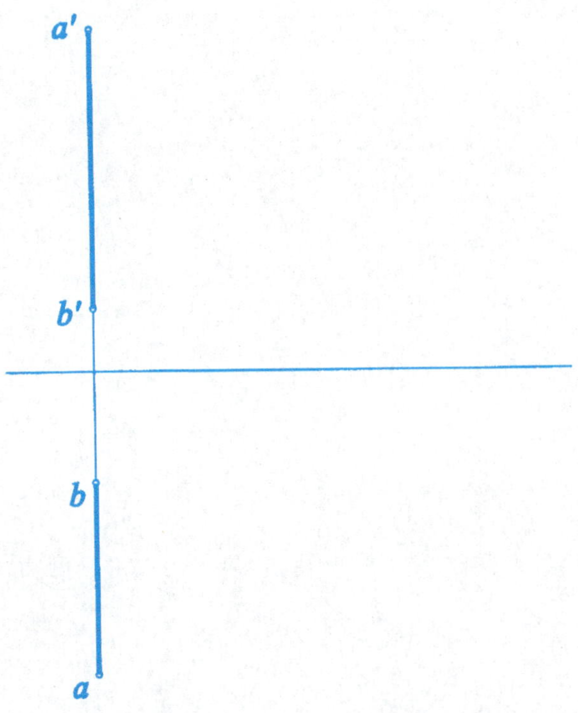

7－6　求直线 *AB* 在两相交平面上的落影。

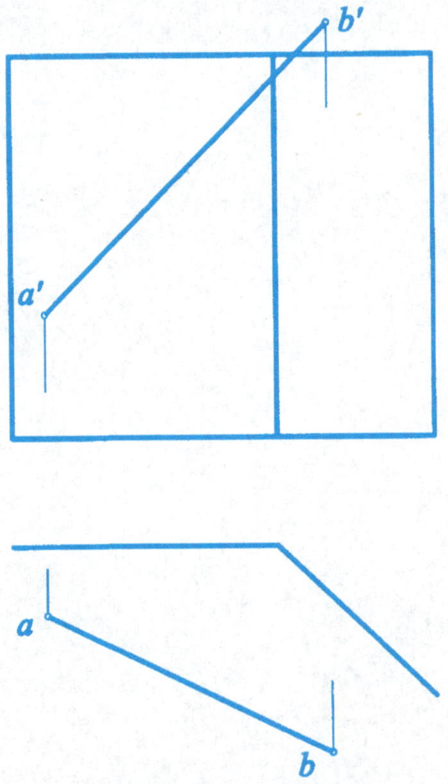

7－7　求直线 *AB* 在两平行平面上的落影。

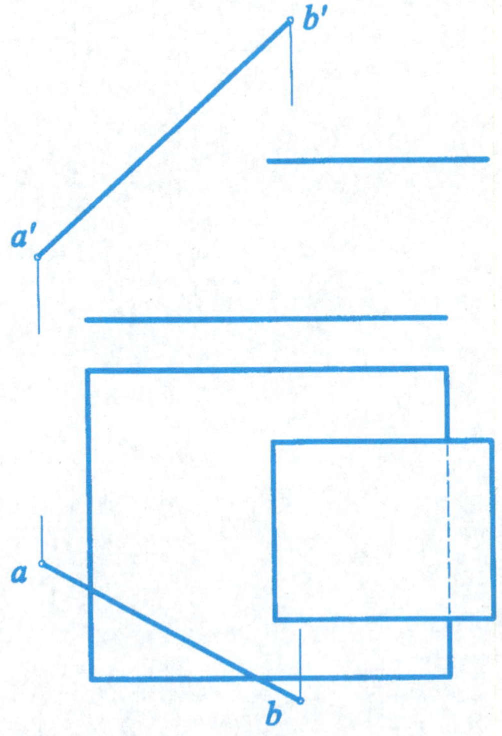

7－8　求作△*ABC* 在 *H*、*V* 上的落影。

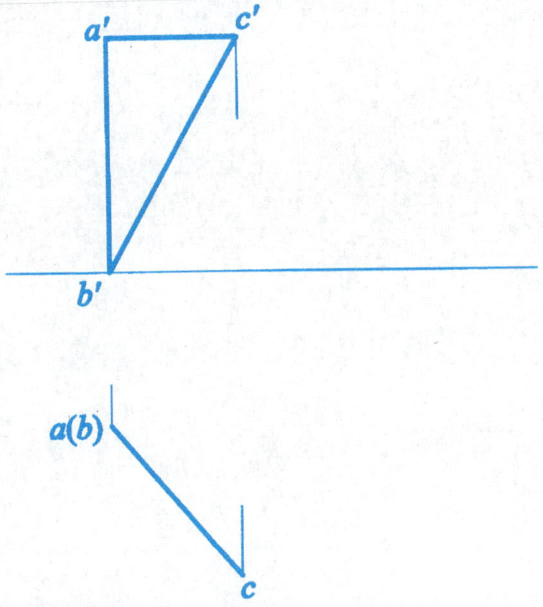

7－9　求一梯形平面在正面墙上的落影。

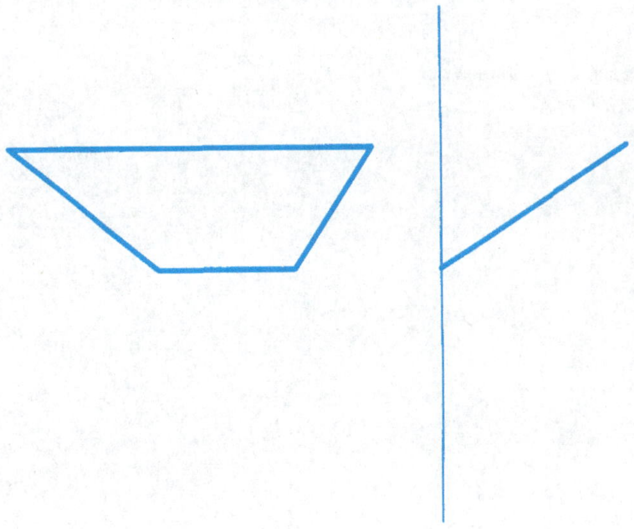

7－10　求作平面图形在 *H*、*V* 面上的落影。

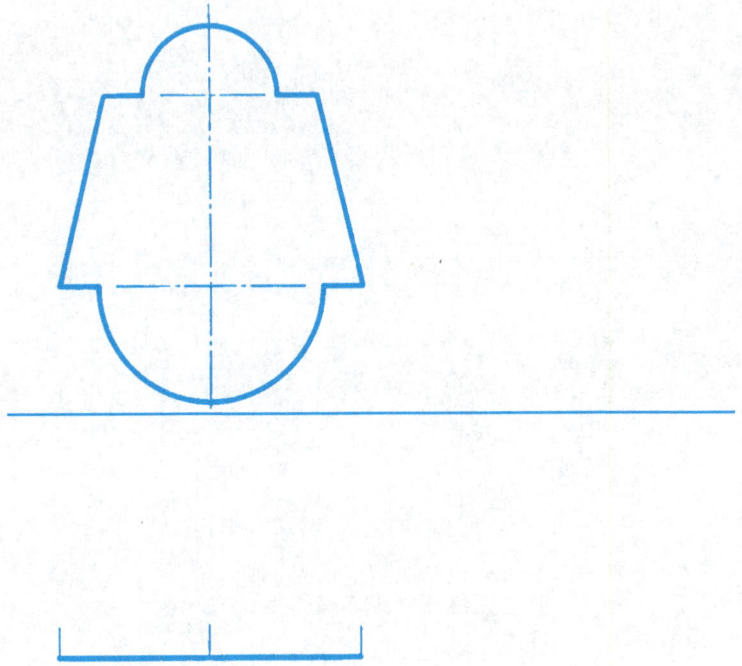

7－11　求作前后两个长方柱体的落影。

7－12　求作上下两长方形板的落影。

7－13　求作附着于正面墙上的组合体的阴影。

(1)

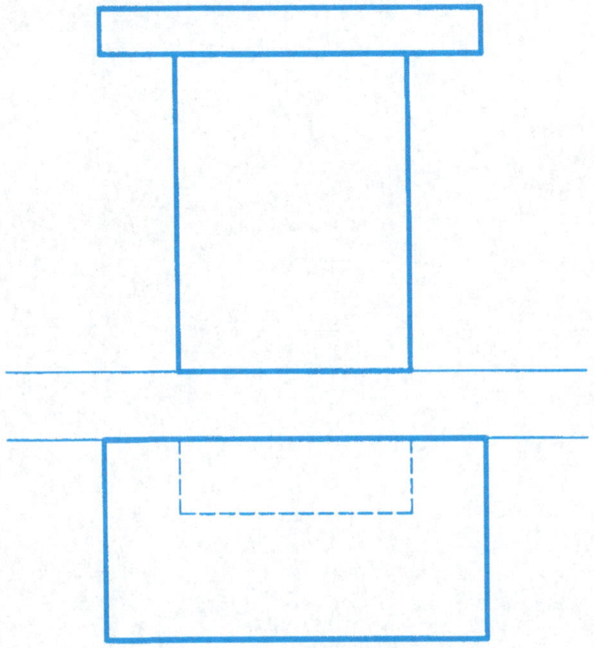

(2)

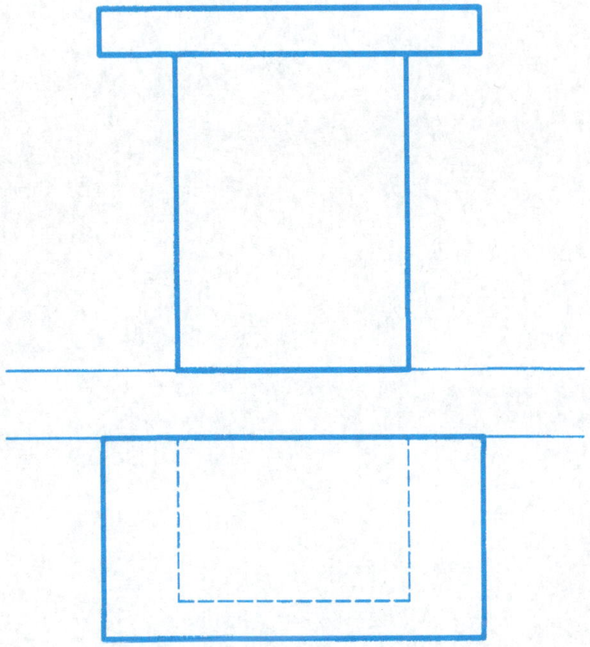

7－14　求作组合体的阴影。

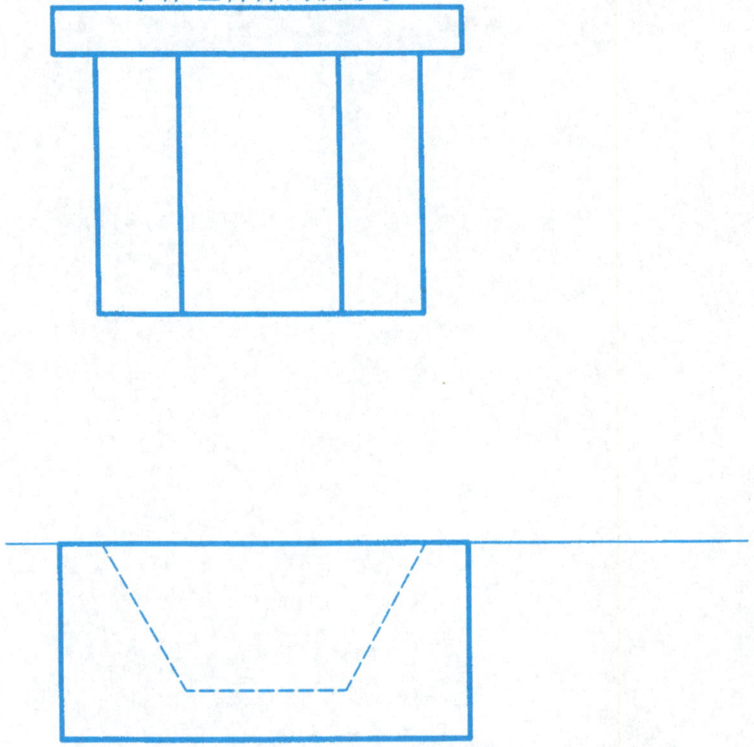

7－15　求作组合体的阴影。

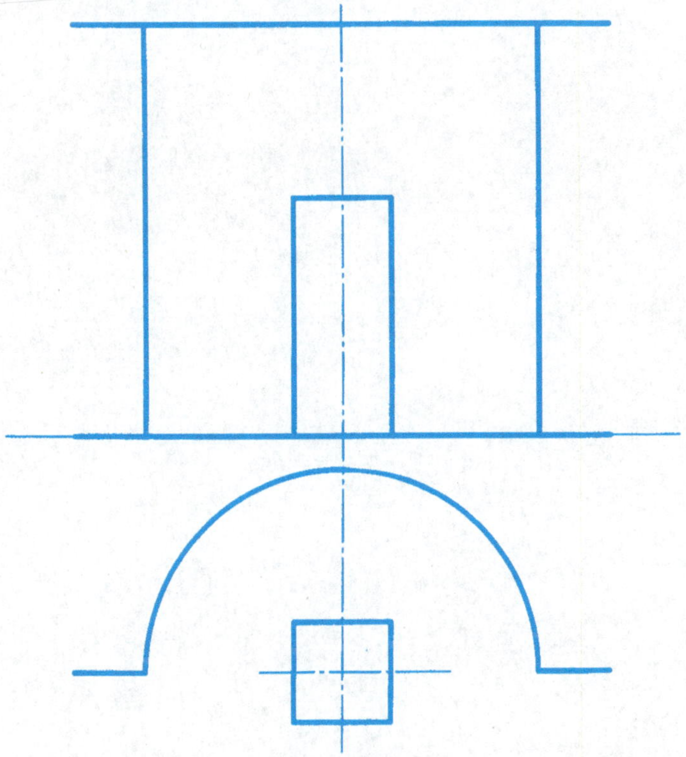

7－16　求作台阶的阴影。

(1)

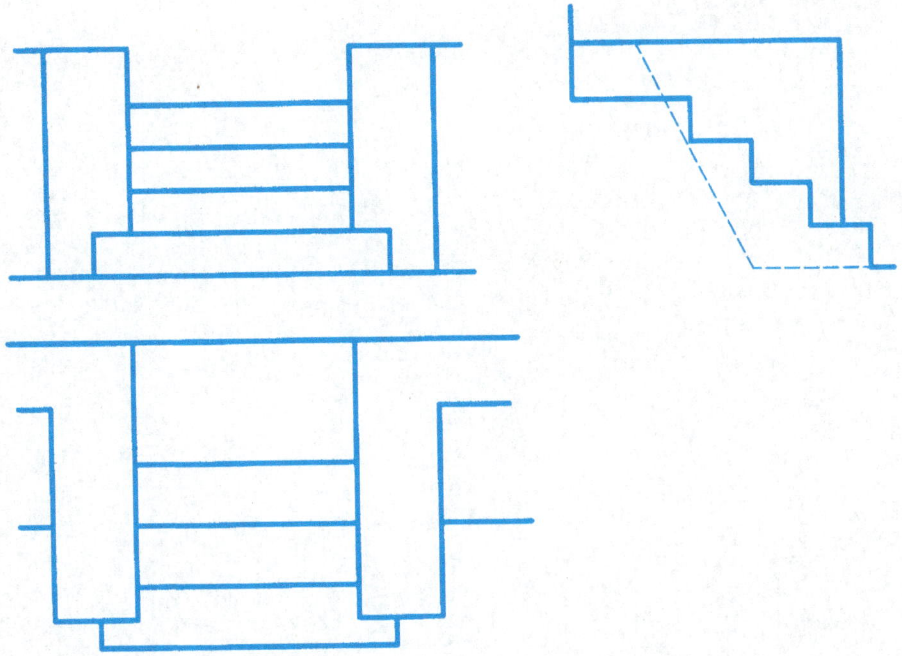

(2)

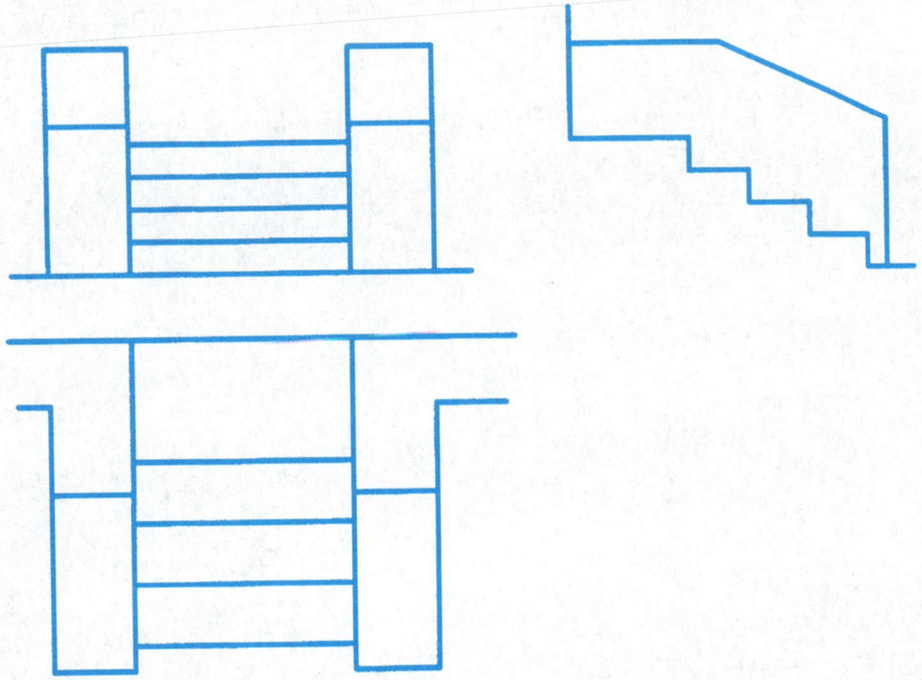

7－17　求作圆锥体的阴影。

(1)

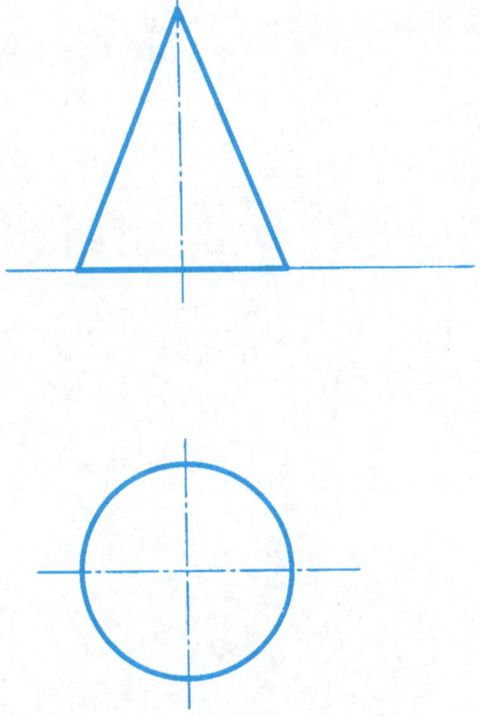

(2)

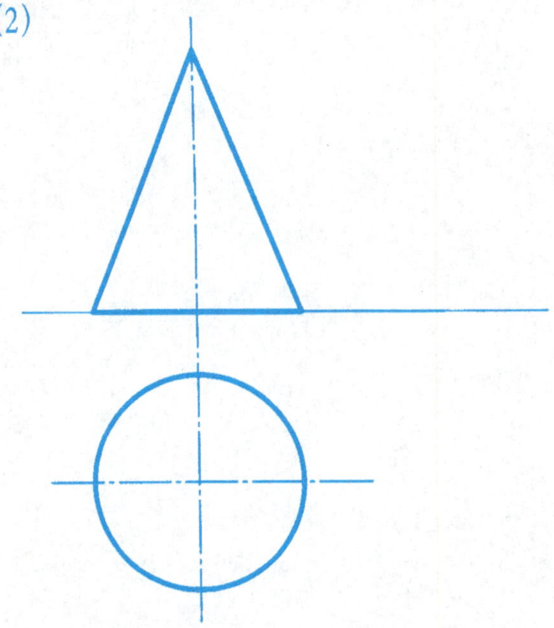

7－18　求作圆柱体的阴影。

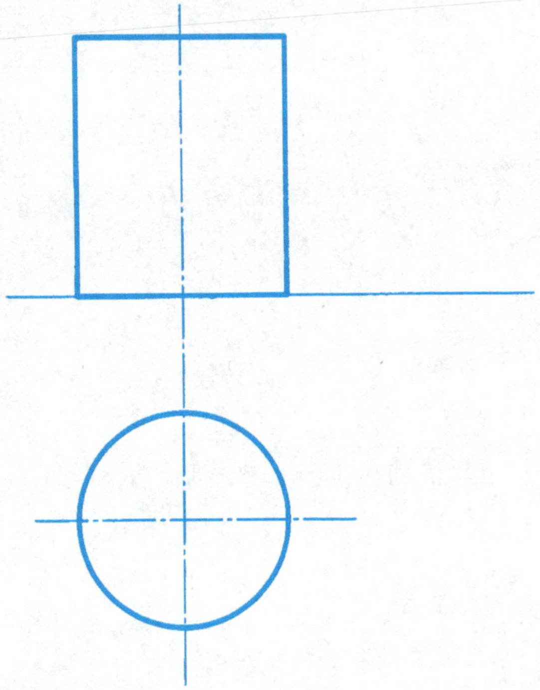

7－19　求作圆锥台的阴影。

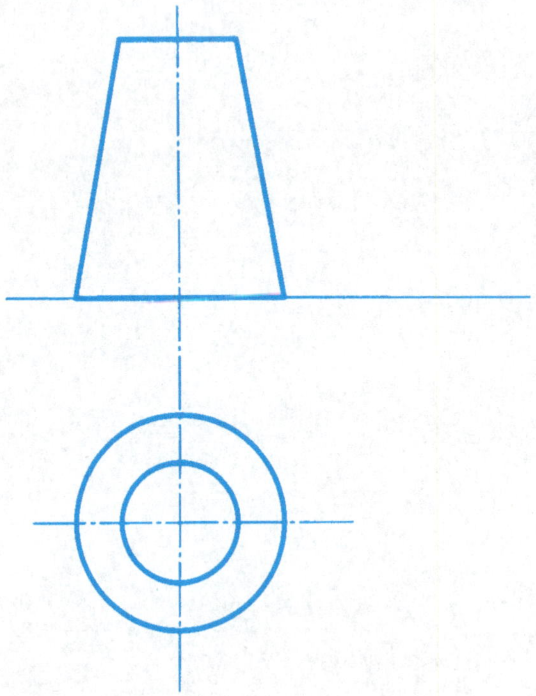

7－20 在已知轴测图上加画阴影。

(1)

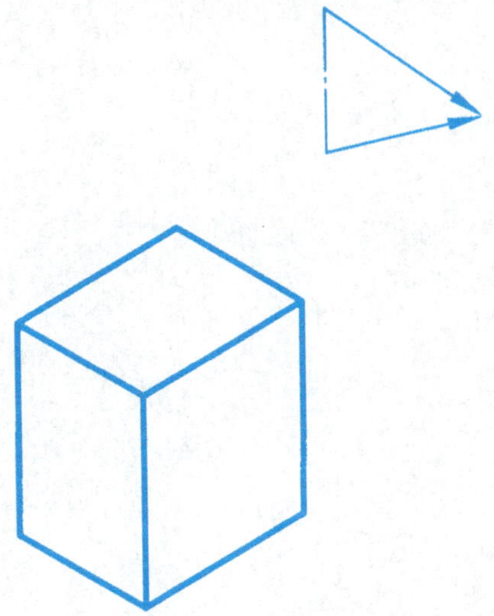

(2)

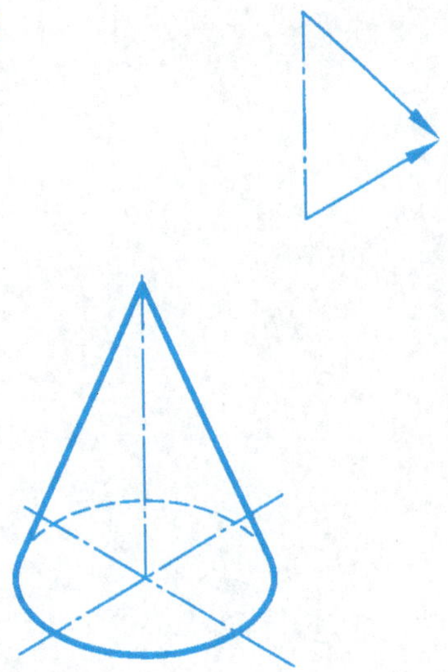

(3)

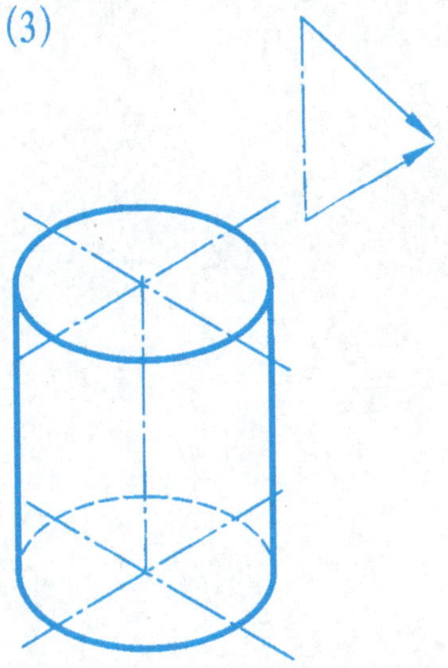

(4)

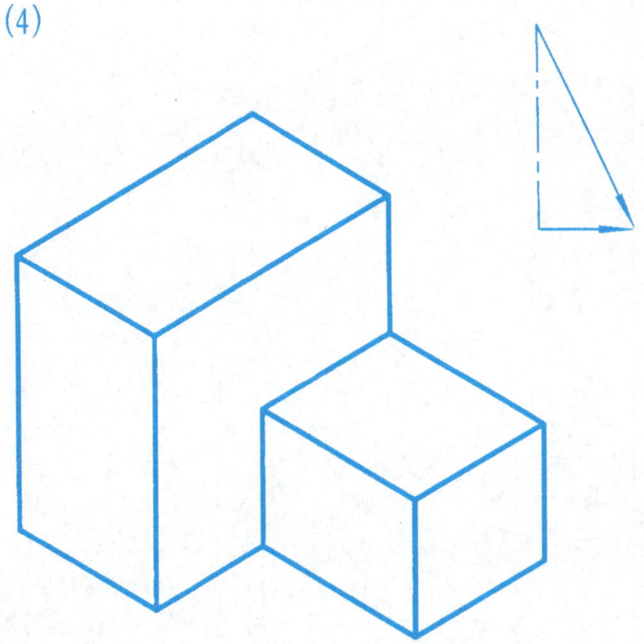

(5) 设 A°的落影为 A_1。

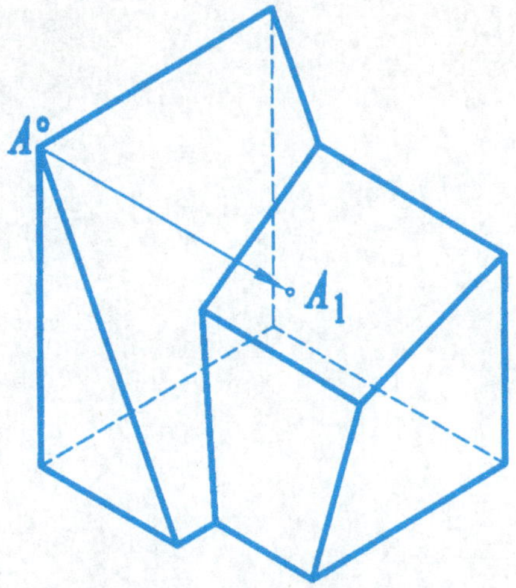

(6) 设 A°的落影为 A_1。

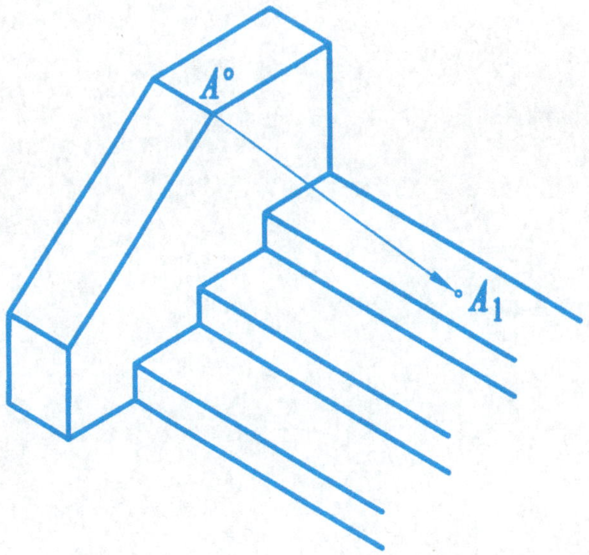

(7)

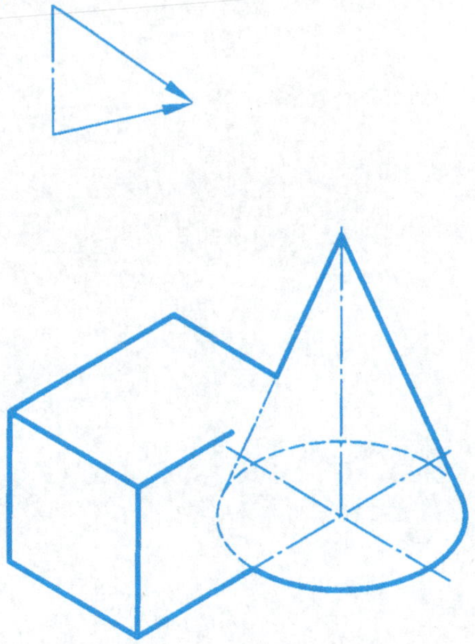

8－1　确定一般位置直线 AB 的透视及其灭点。

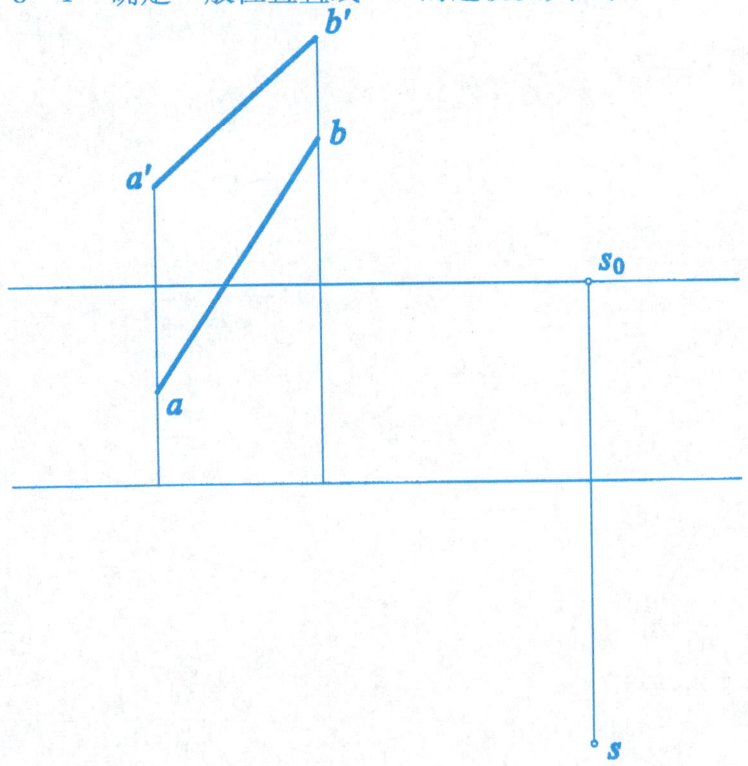

8－2　确定基平线 AB 的透视。

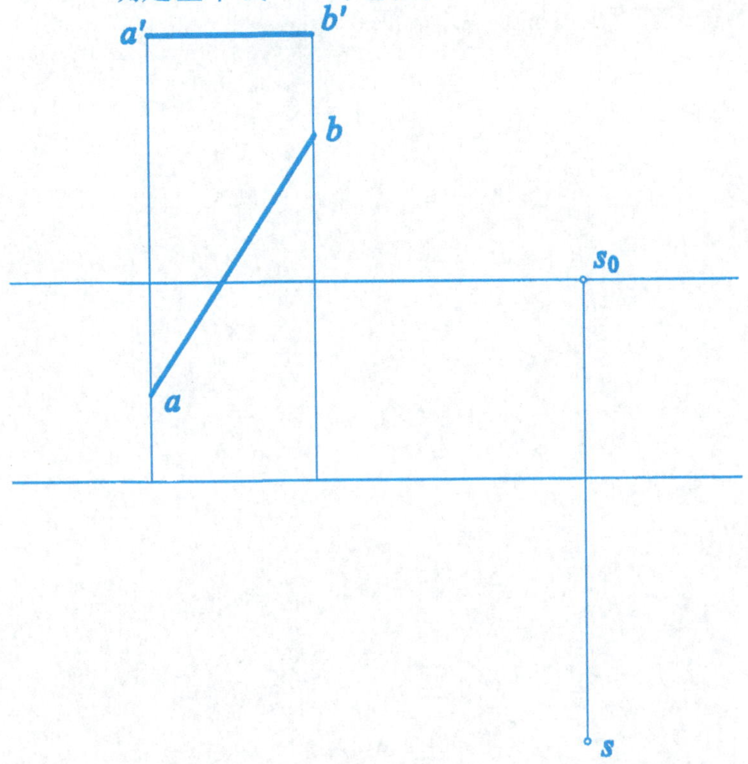

8－3　确定画面垂直线 AB 的透视。

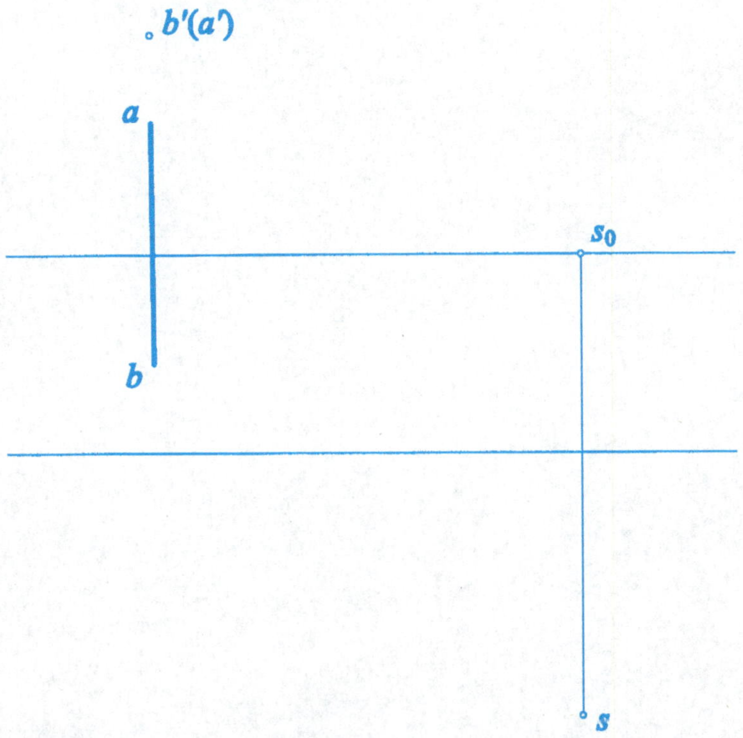

8－4　确定画面平行线 AB 的透视。

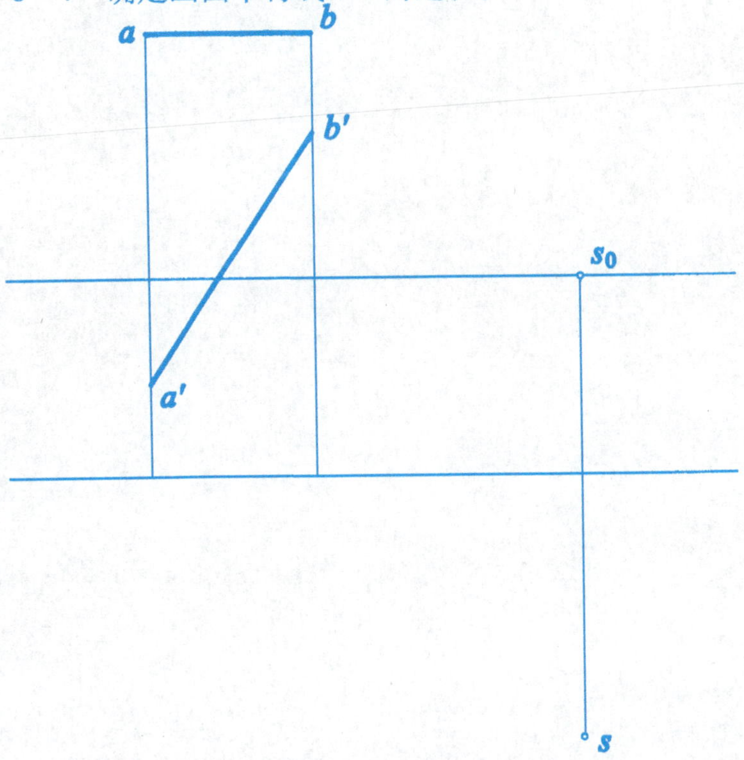

8－5　确定基面垂直线 AB 的透视。

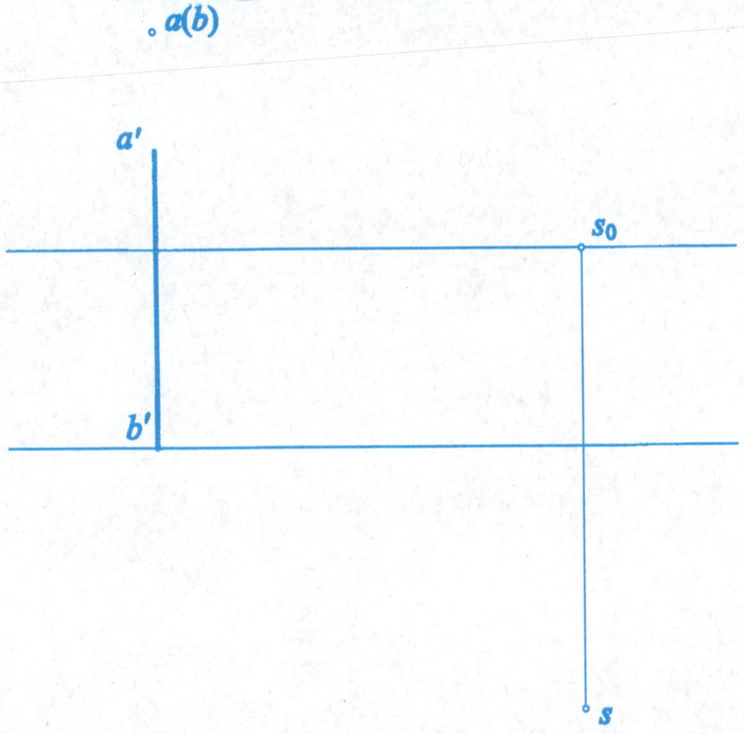

8－6　已知一条水平直线上 A、B、C、D、E、F、G 各点间的实际距离，试确定此直线及其上各点的透视。

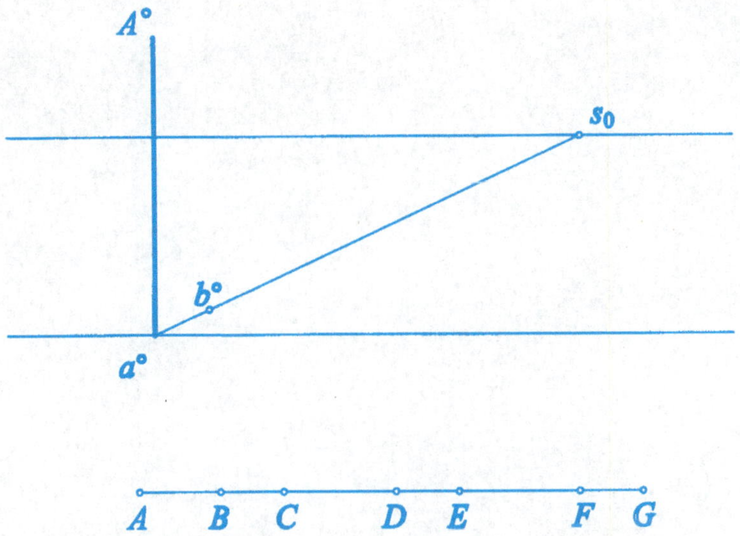

8-7 画出基面平行面在三个不同高度上的透视（视距为 ss_0）。

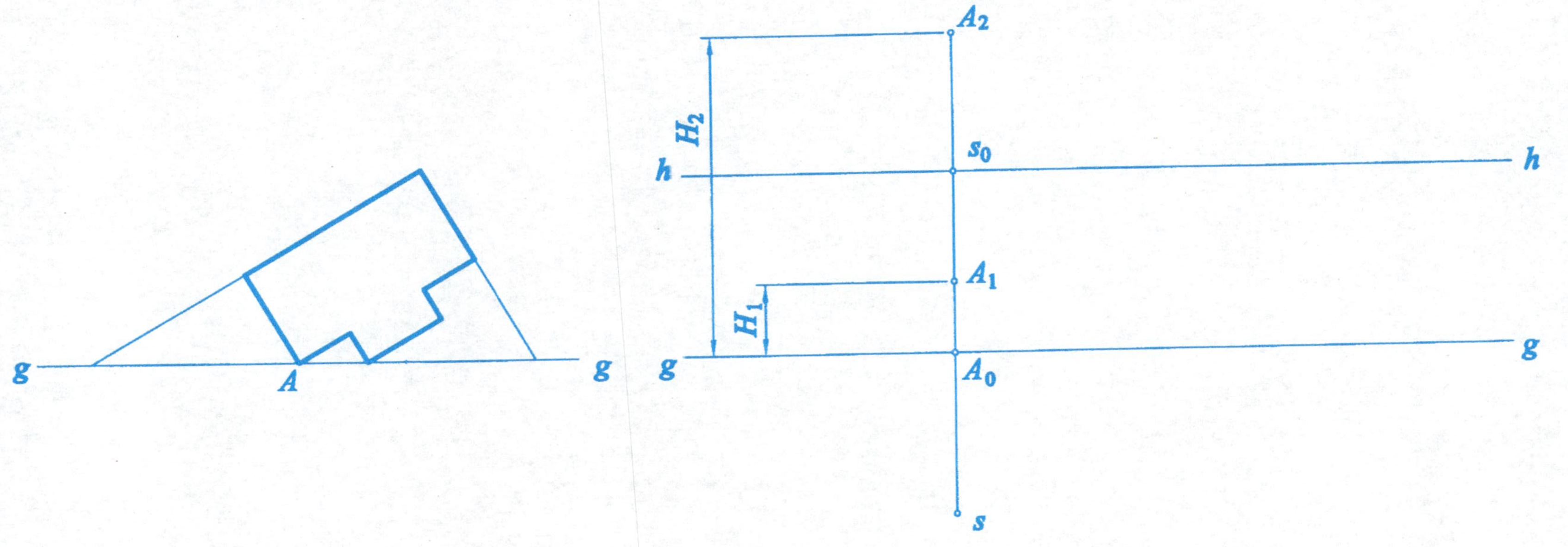

8-8 画出基面内正方形及其内切圆的一点透视（视距为 ss_0）。

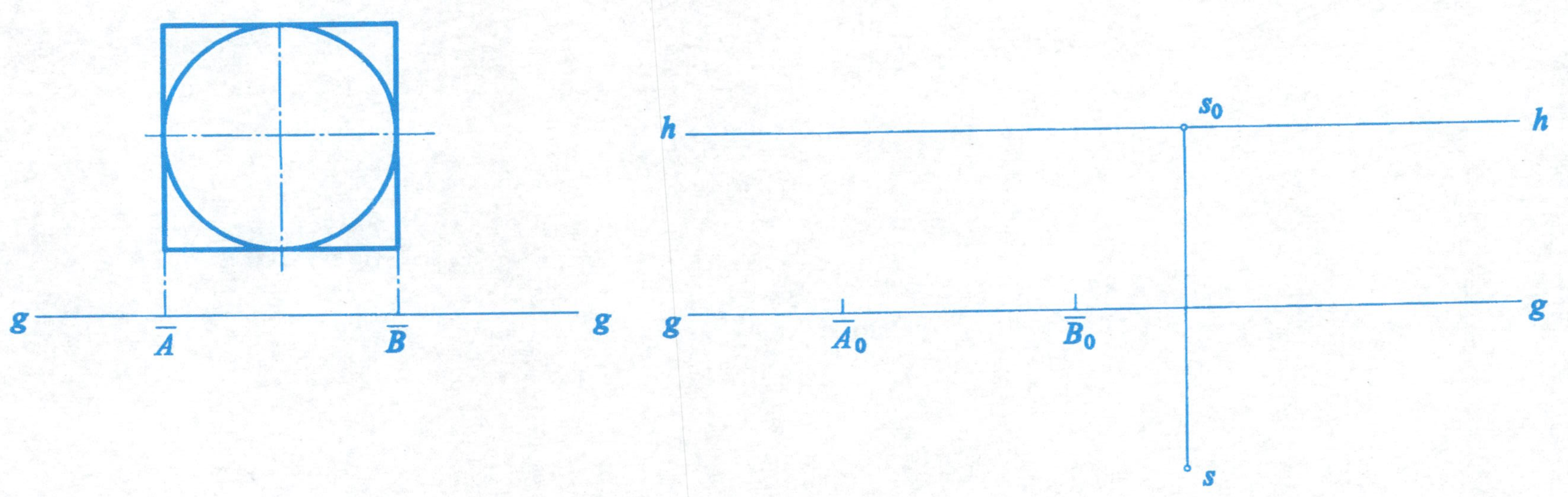

8-9 画出基面内正方形及其内切圆的两点透视（视距为 ss_0）。

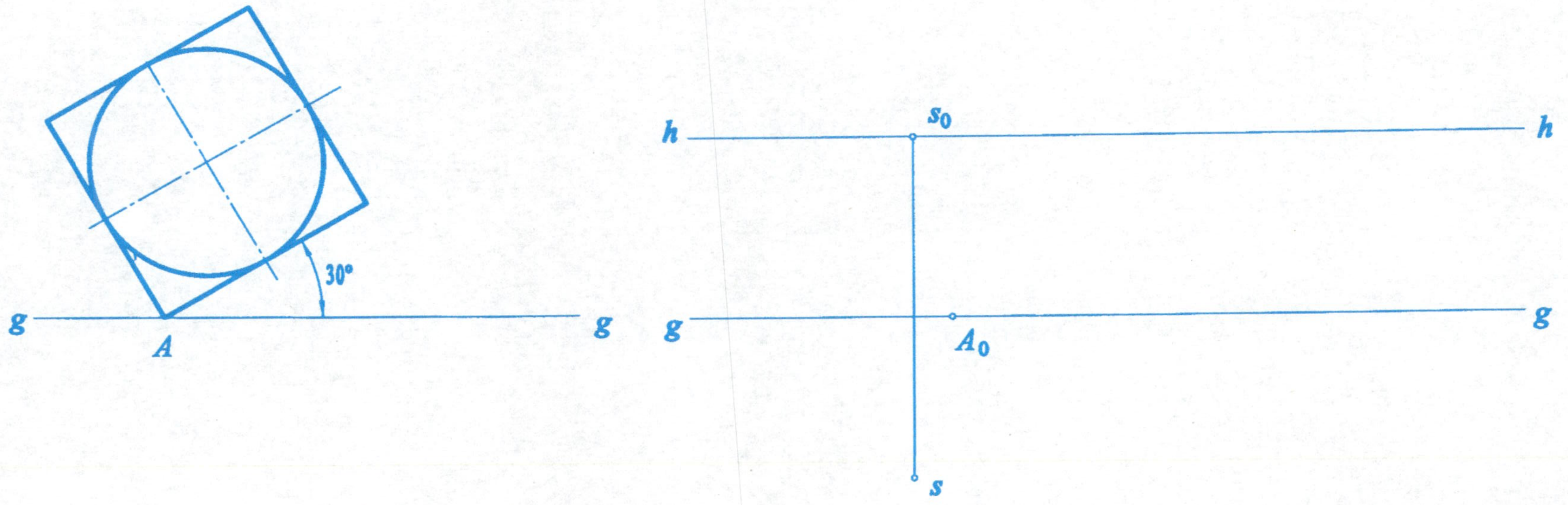

8-10 作形体的一点透视。

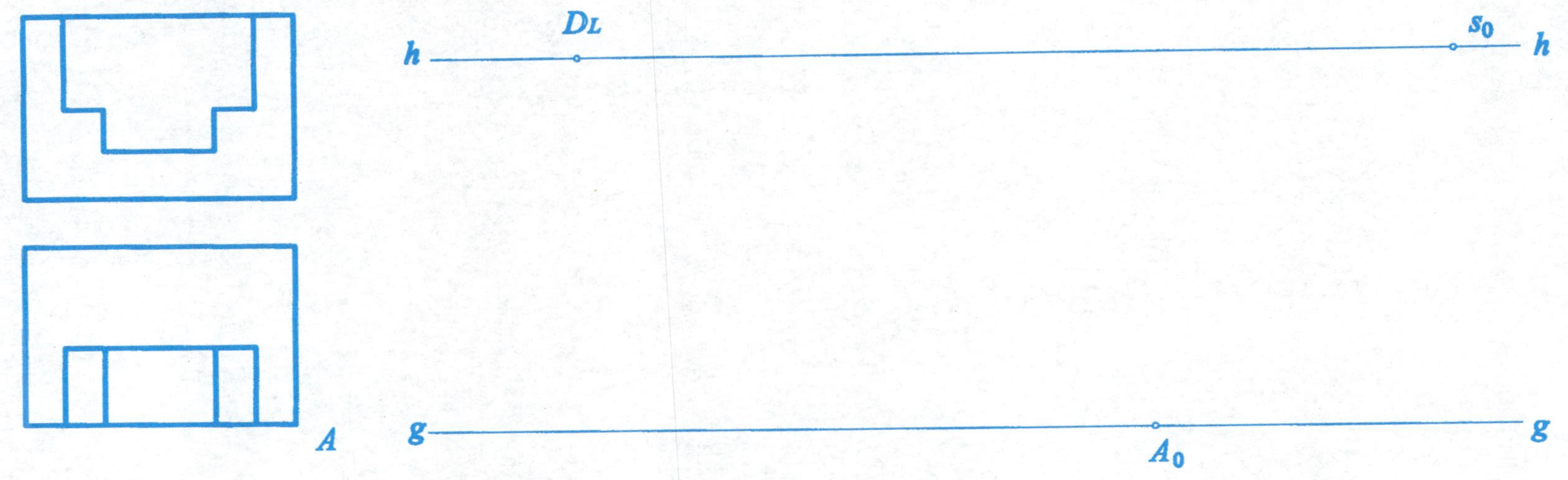

8-11 作形体的一点透视。

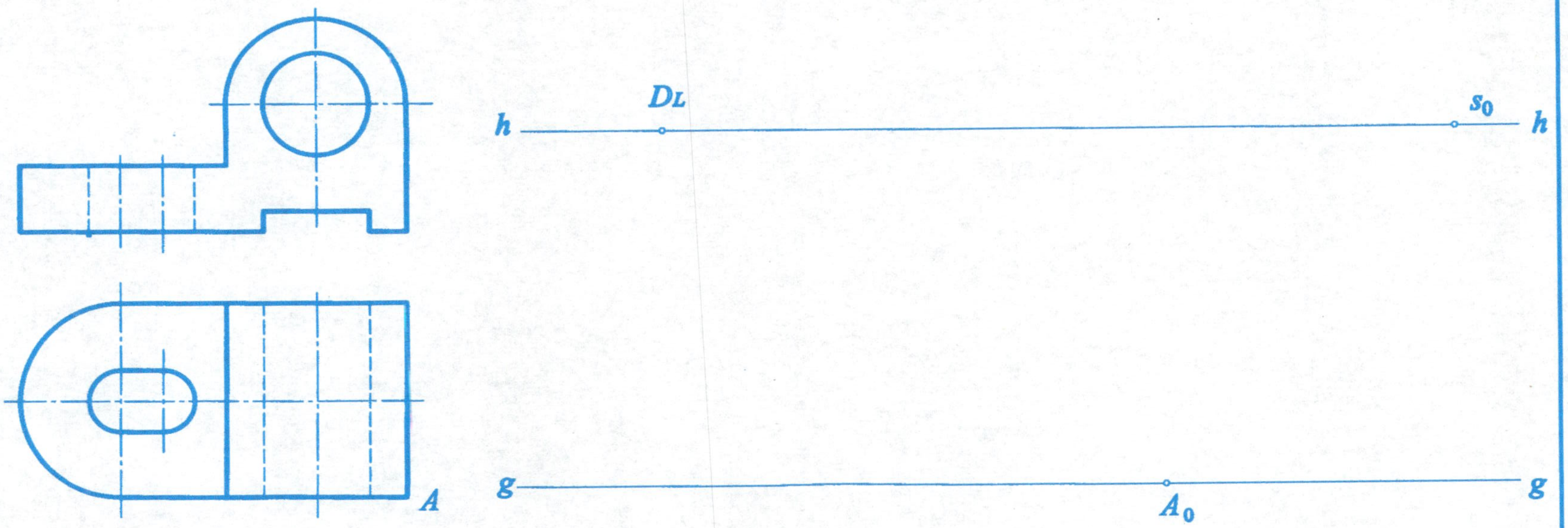

8-12 作形体的两点透视（视距为 ss_0）。

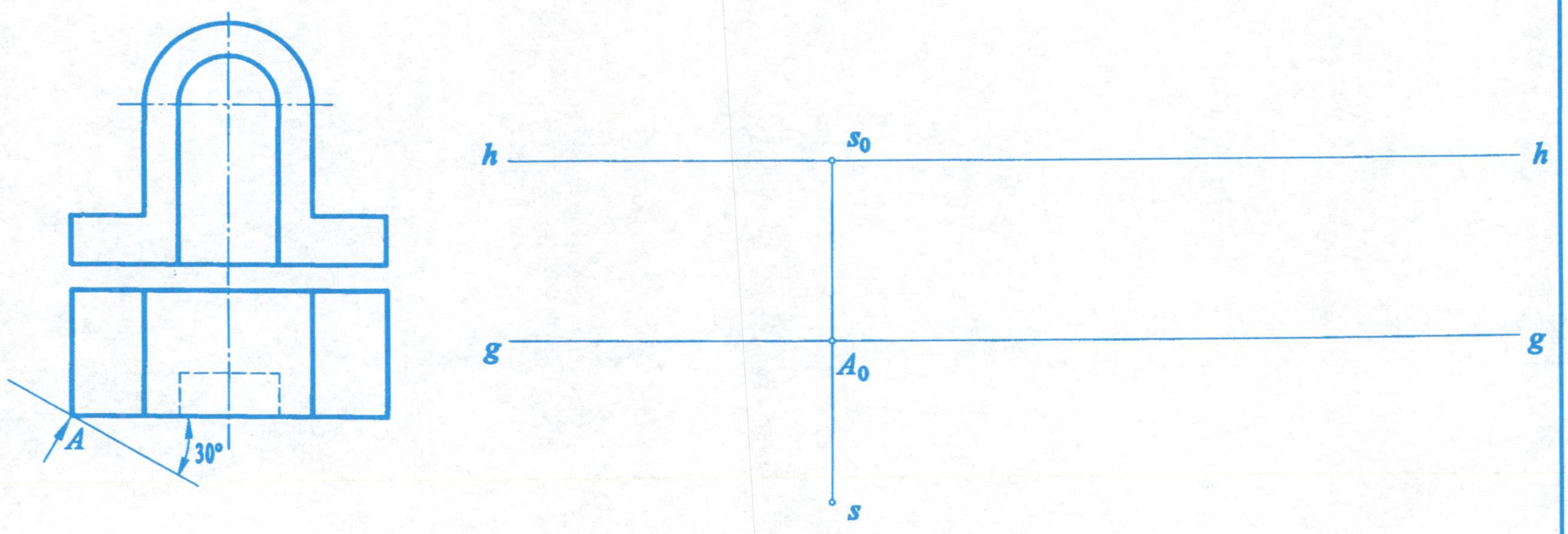

8－13　作形体的透视。

(1)

(2)

8－14　作形体的透视。

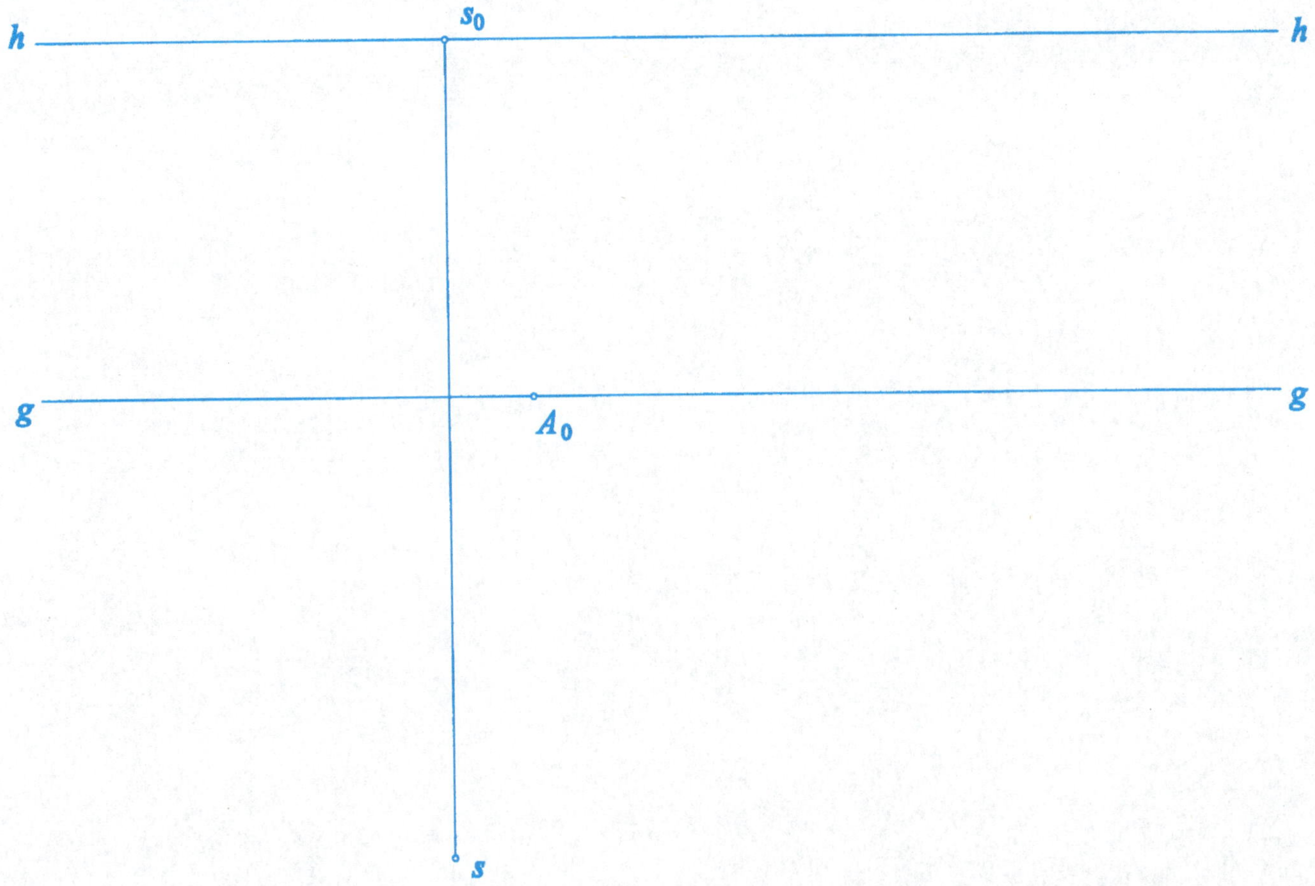

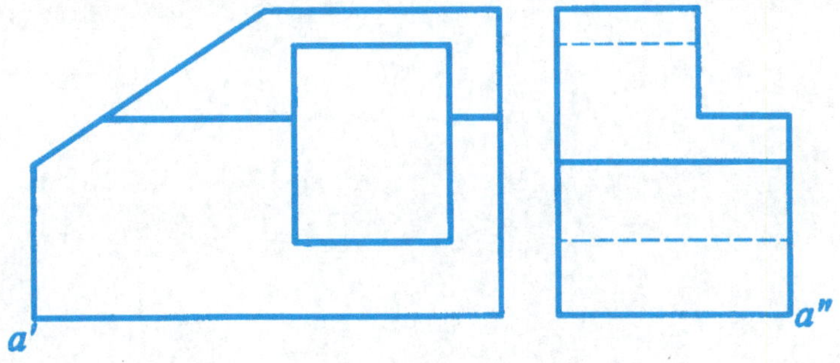

8－15　作形体的一点透视。

8－16　作梯级的一点透视，画面位置为 $P-P$，其余透视条件自定。

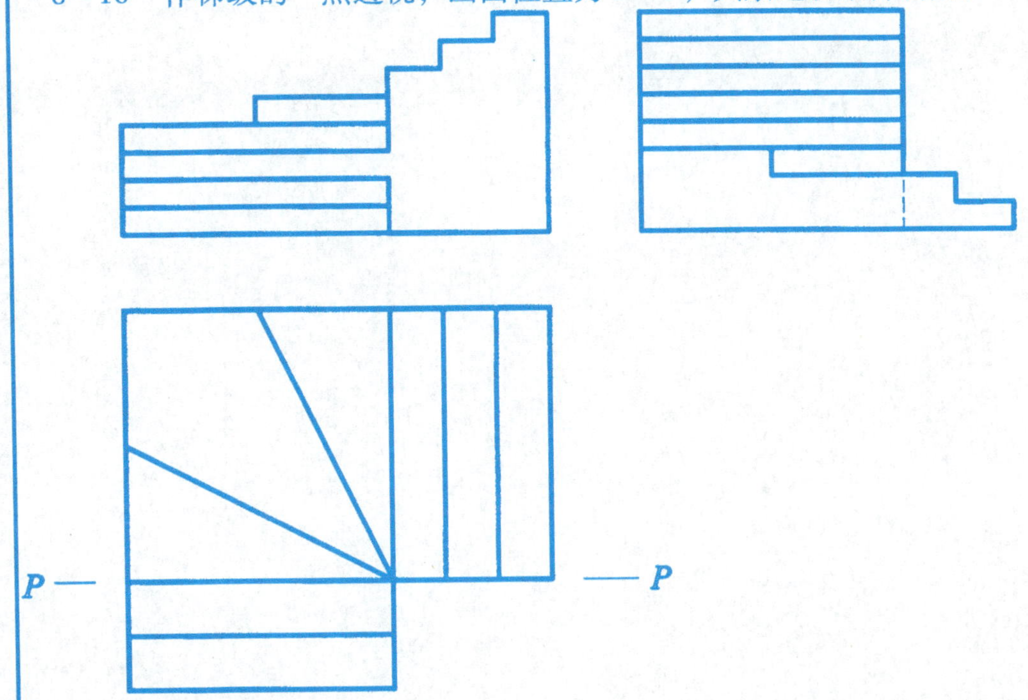

8－17　按 4:1 作室内一点透视，视距与室内背景布置自定。

I—I 剖面

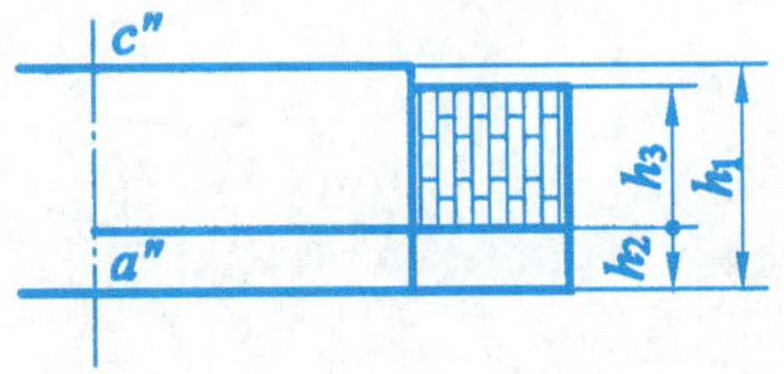

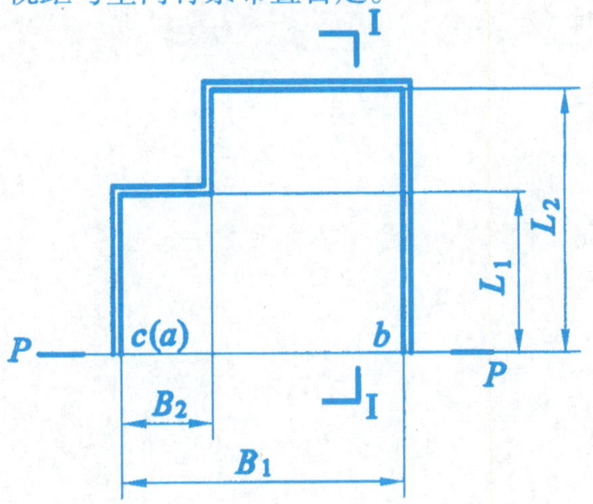

8－18　在透视图中将矩形铅垂面划分成五个相同的竖条。

8－19　在透视图中，按已给的竖条，在同一平面内连续画四个相同的竖条。

8－20　在透视中，将一矩形铅垂面划分成九块相同并与原形类似的矩形。

8－21　在透视图中，最前棱线为真高。已知右灭点与其量点的距离为120mm，按图示真高的1/4为间距，再画出三个大小相同的长方柱。

8－22　将下列两已知形体的透视图近似放大，使放大后形体的长宽高各为原形体对应尺寸的两倍。

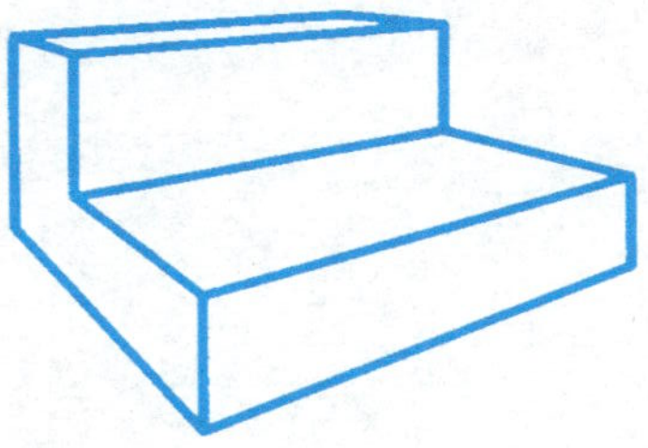

8－23　在透视图中确定 *AB* 直线在基面和画面上的落影。

(1) *AB* 垂直于基面。

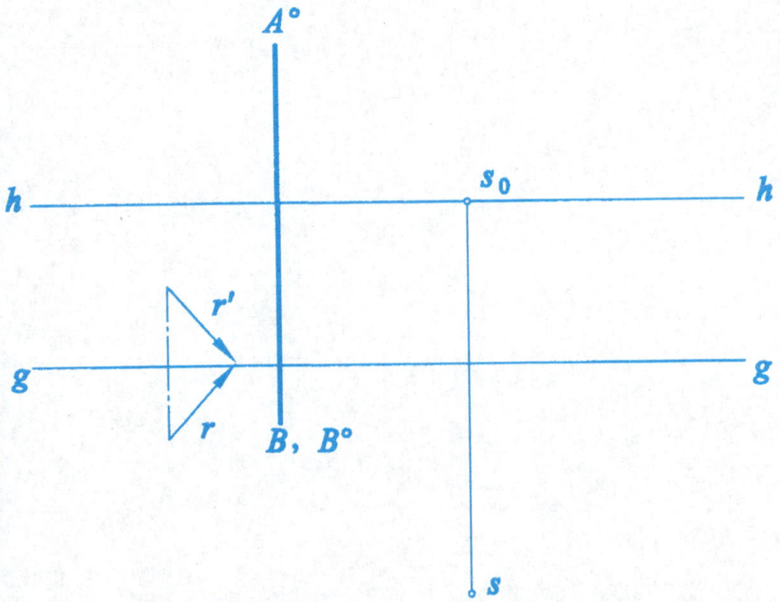

(2) *AB* 平行于基面。

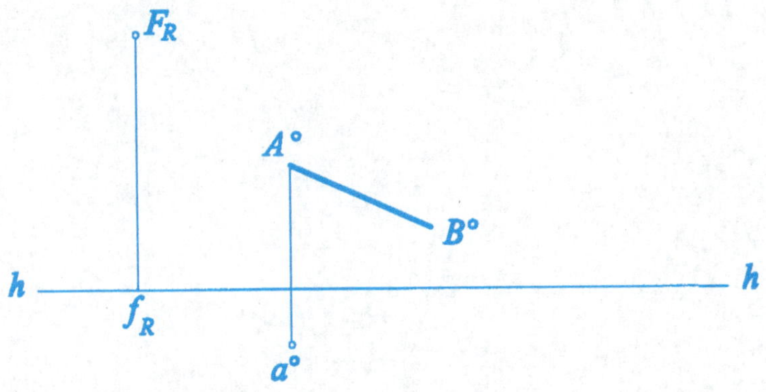

(3)

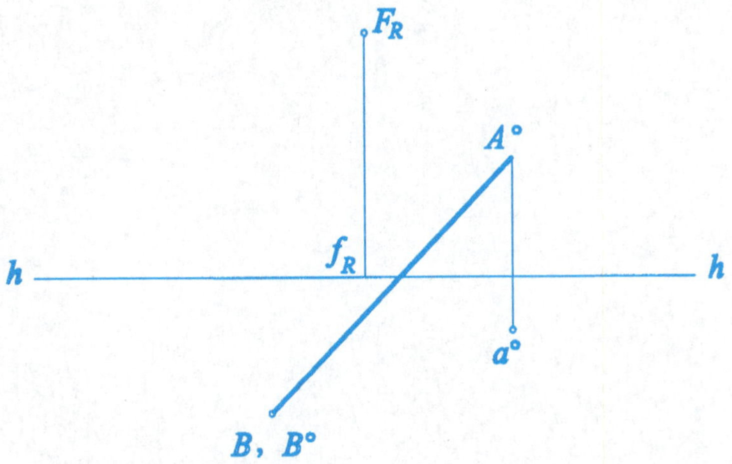

8－24　在透视图中确定 *AB* 直线在基面和 Q 面上的落影。

(1) *AB* 垂直于基面。

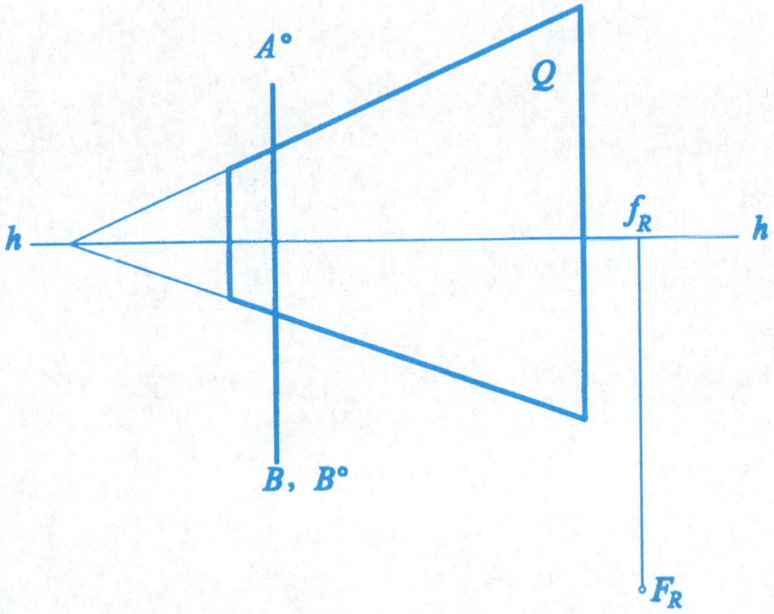

(2) *AB* 平行于基面。

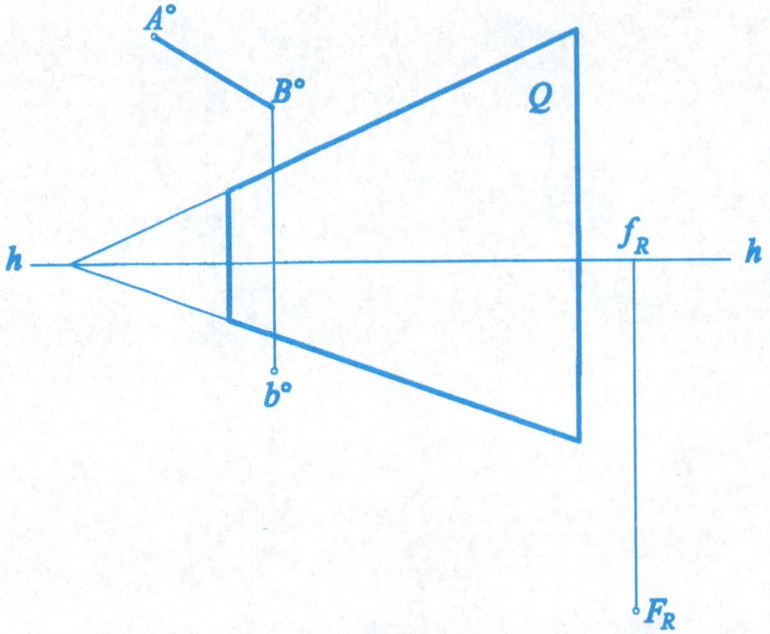

(3) *AB* 平行于基面及 Q 面。

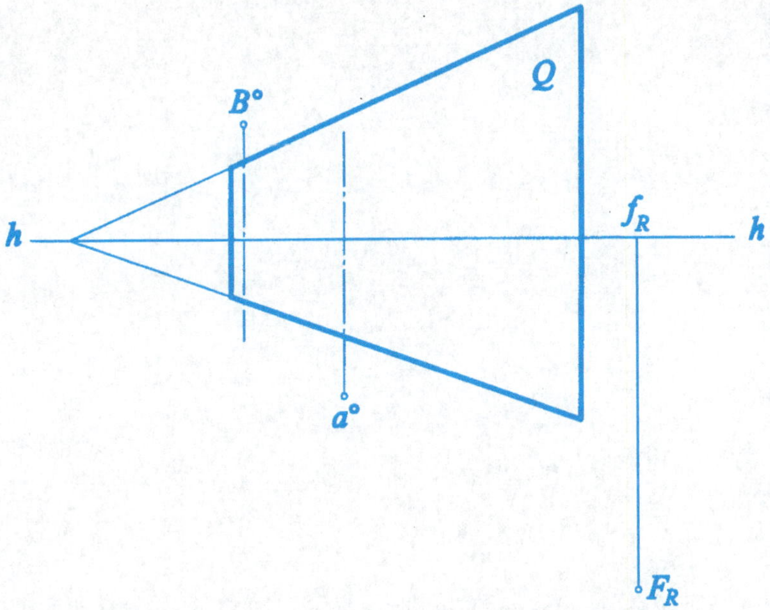

8－25　在透视图中按给定的光线加绘阴影。

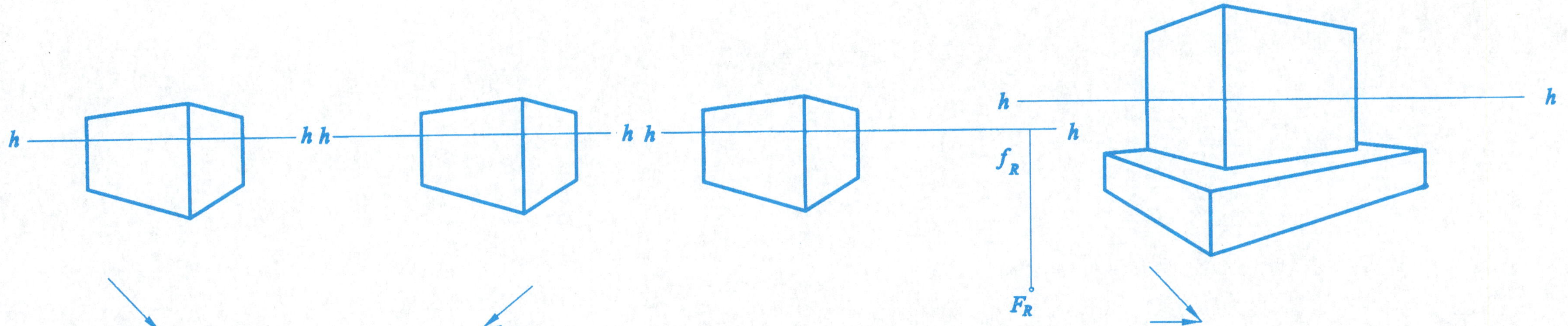

8－26　以画面平行光线加绘台阶的阴影。

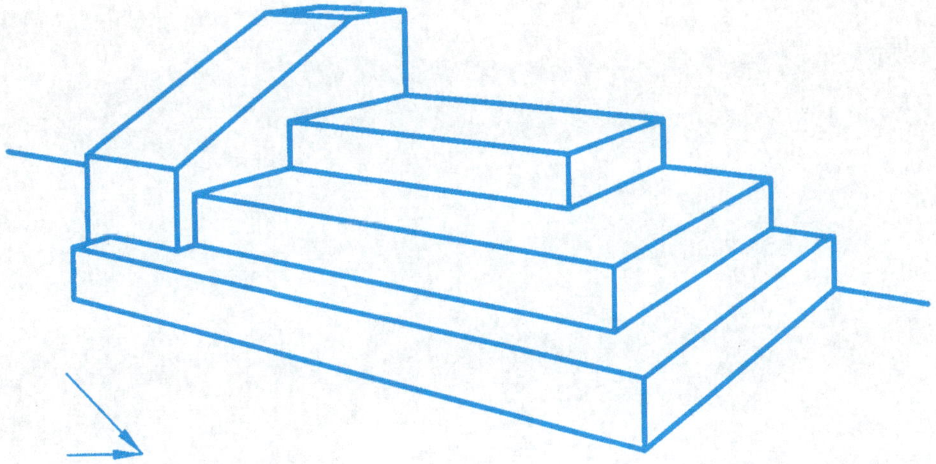

8－27　求作拱门的一点透视，并按平行光线加绘阴影。

9－1 根据两视图完成物体的六个基本视图。

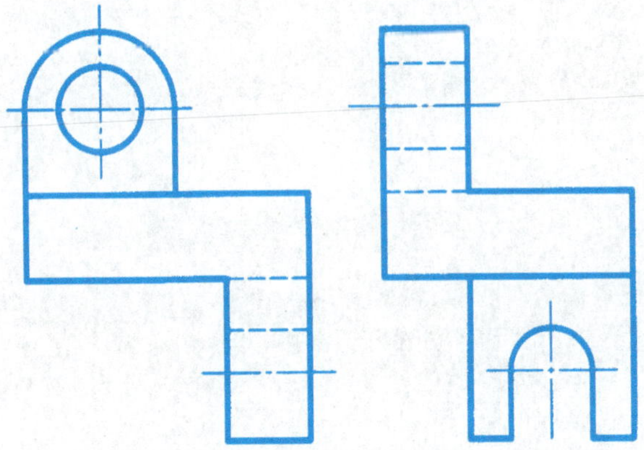

9－2 根据已知的三视图，画出物体的右视图。

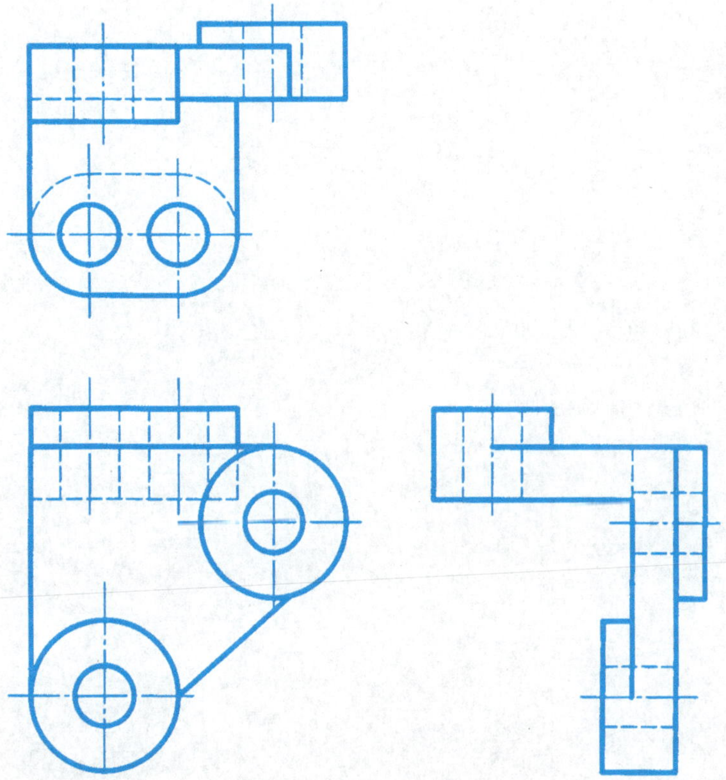

9-3 作出 *A* 向斜视图及 *B* 向局部视图。

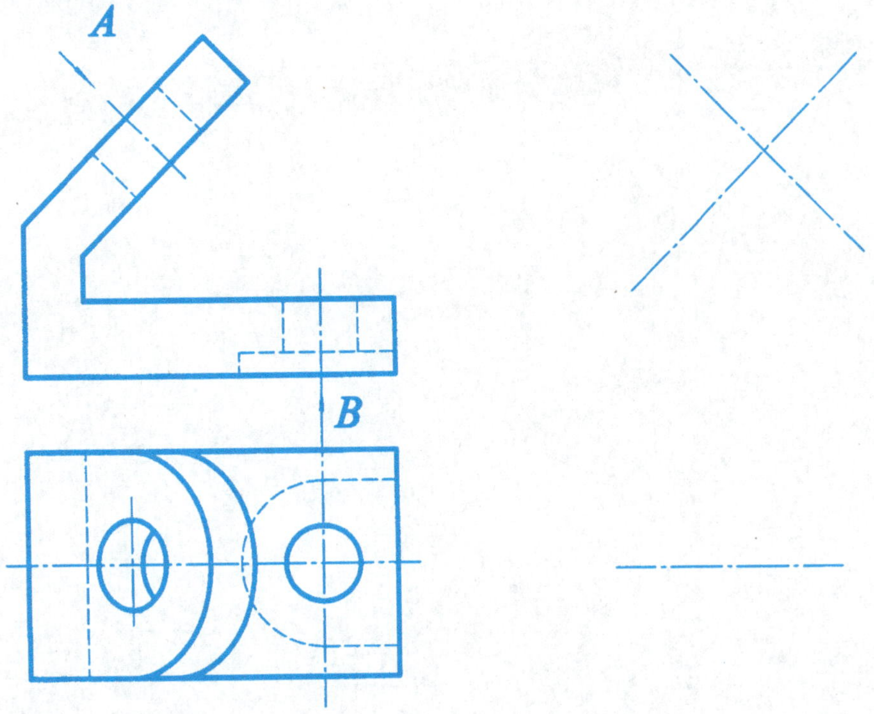

9-4 已知 V 形铁的主视图及 *A* 向视图，求作俯视图。

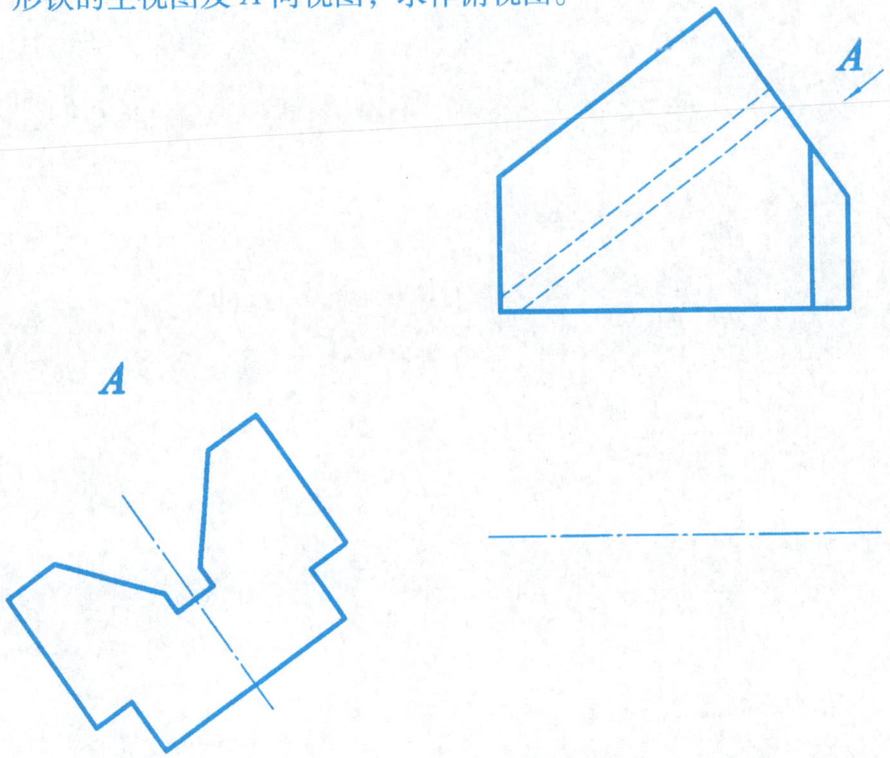

9-5 根据轴测图中的尺寸，画出 *A* 向斜视图及 *B* 向局部视图。

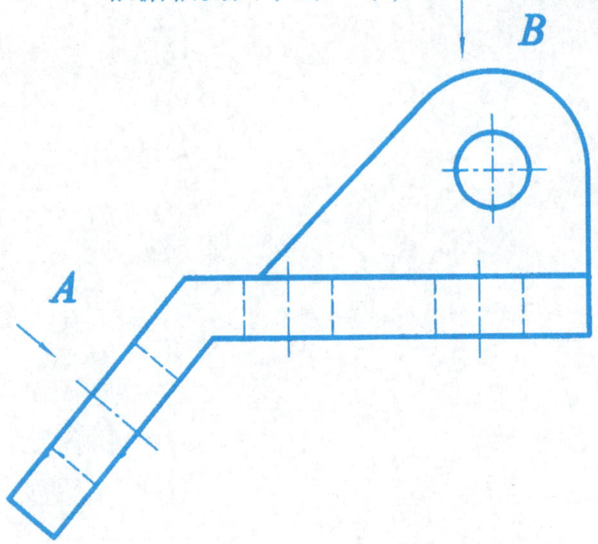

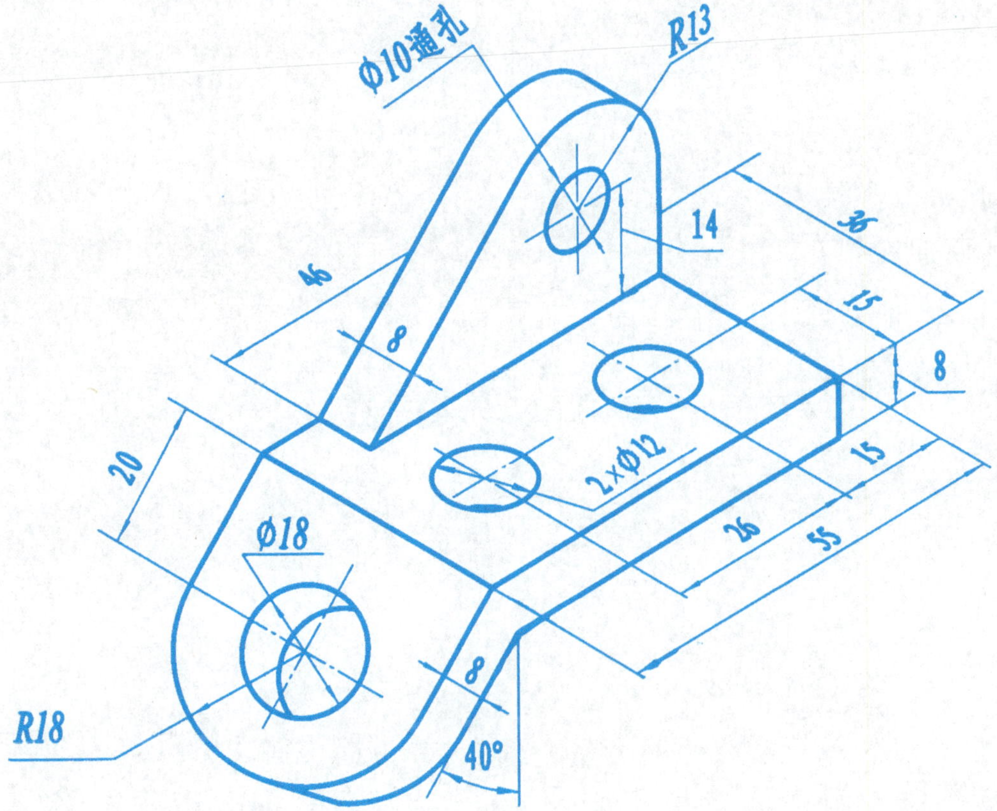

9－6　在主视图上作全剖视。

(1)

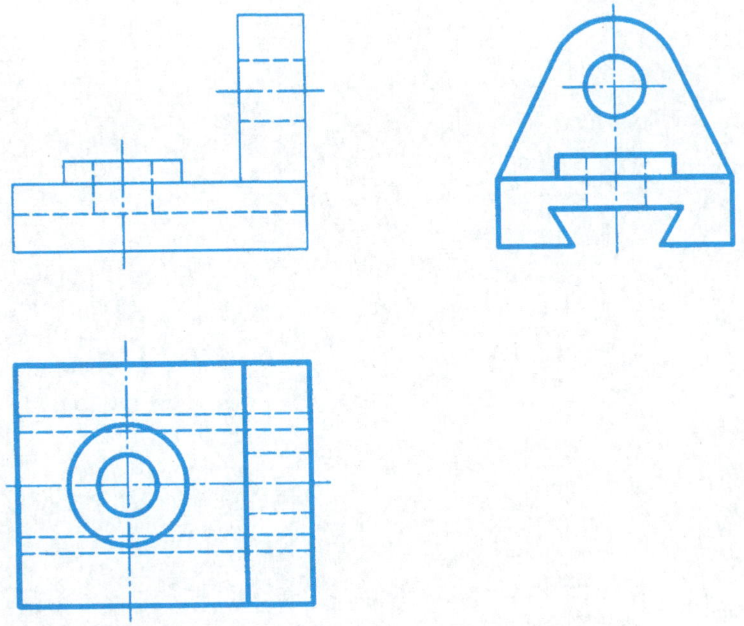

(2)

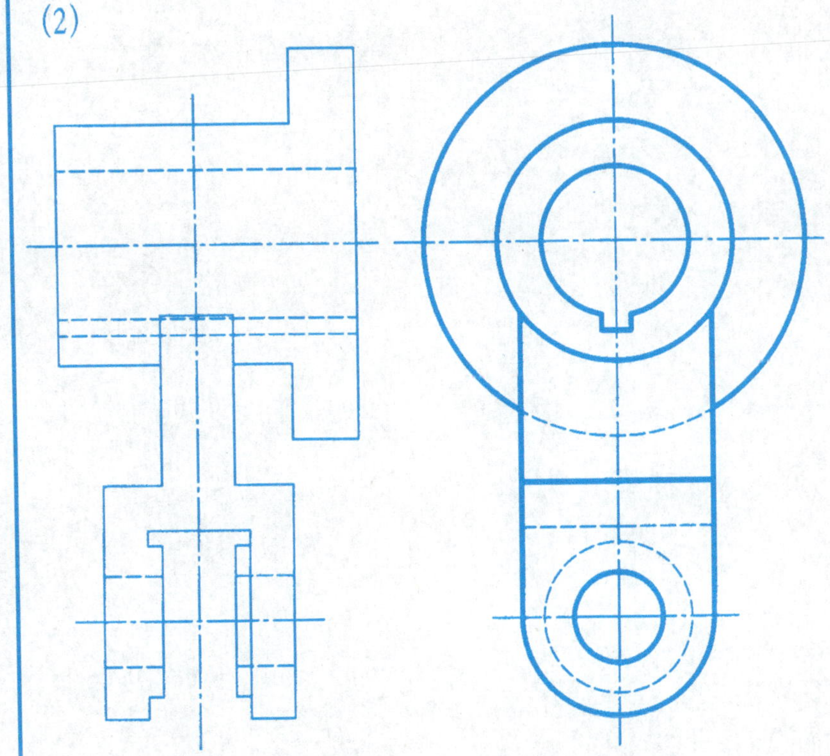

9－7　在主视图上作半剖视。

(1)

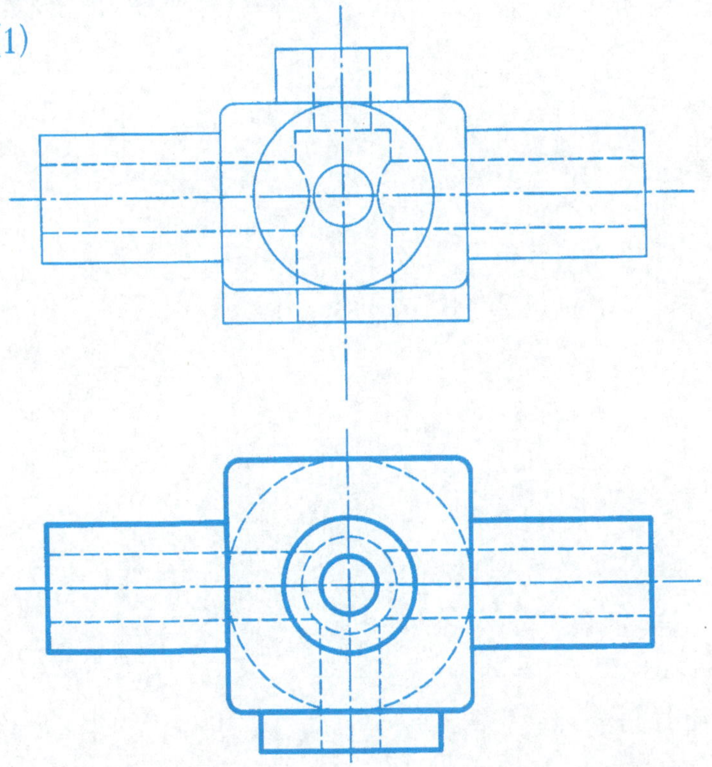

(2)

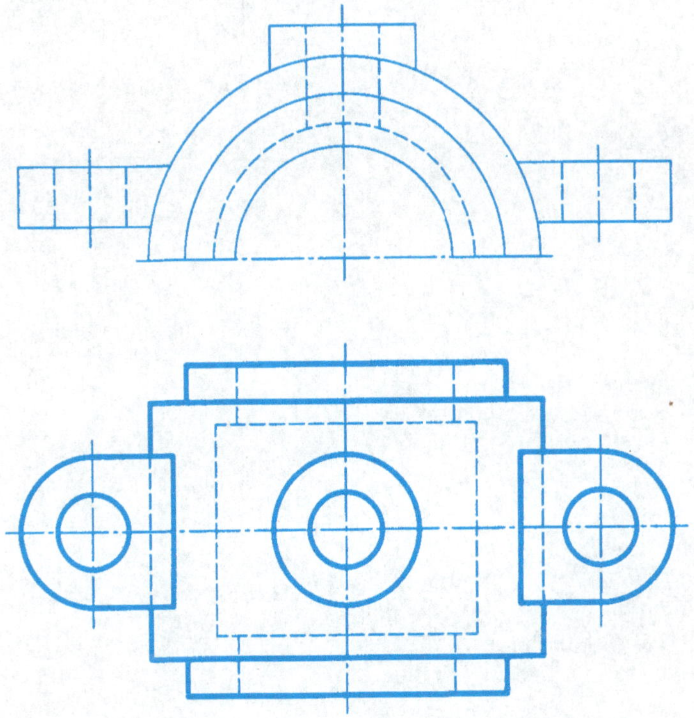

9－8　主视图上以波浪线为界作局部剖视。

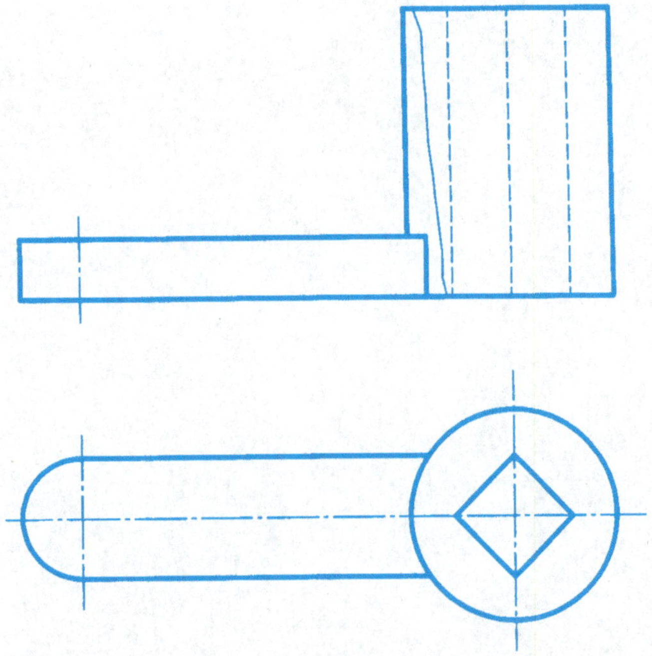

9－9　在主视图与俯视图上作局部剖视。

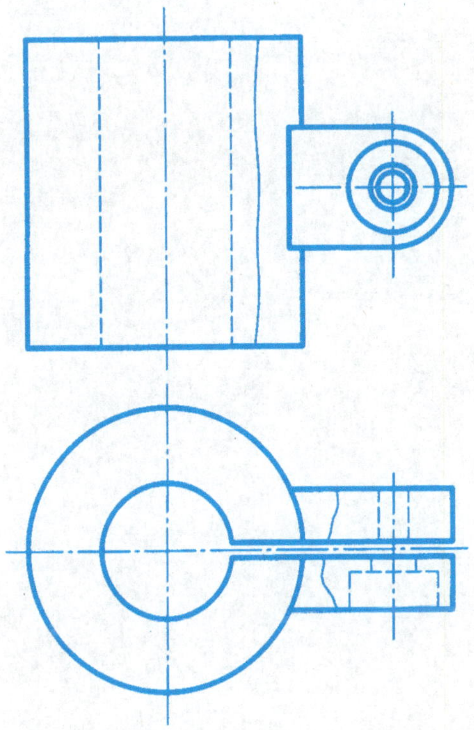

9－10　补全剖视图中所缺的图线。

(1)

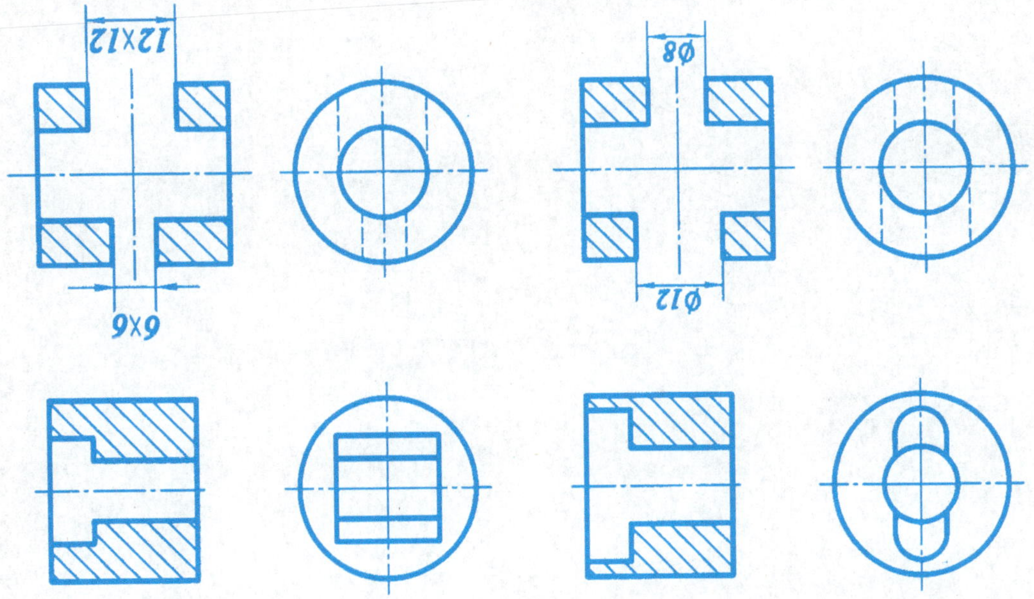

(2)

(3)

(4)

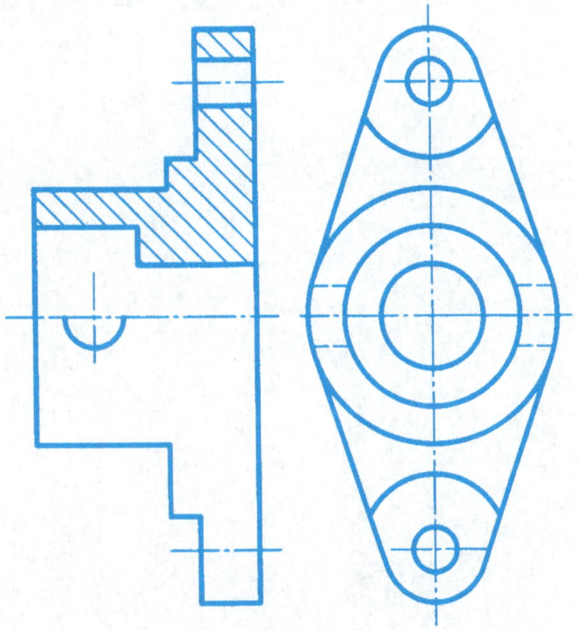

(5)

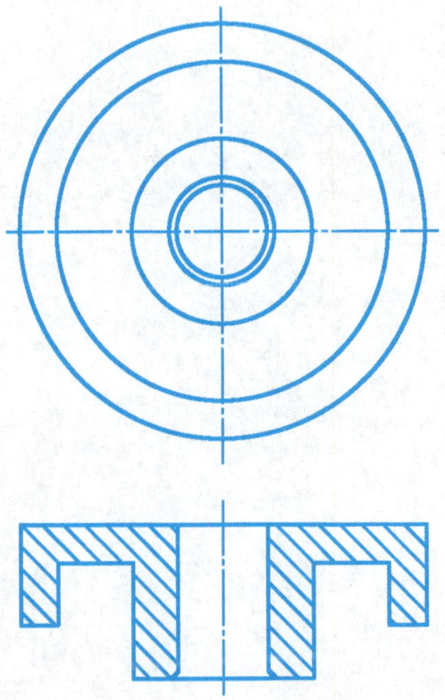

(6)

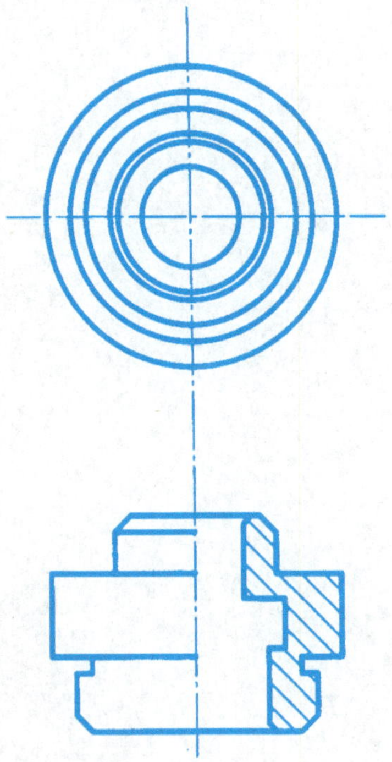

9－11　作 *C*—*C* 剖视，并补全所缺的定位尺寸（按比例 1:1 在图中量取）。

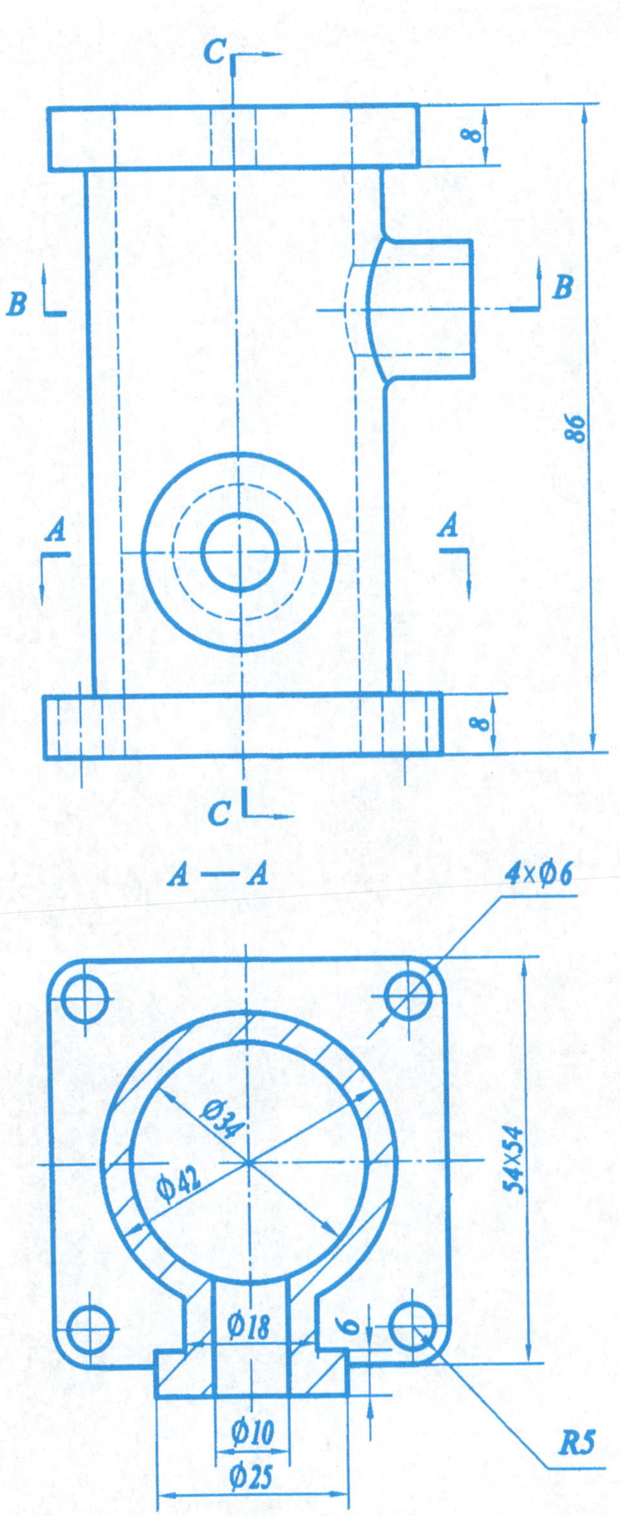

9－12　求主视图并作 *A*—*A* 剖视。

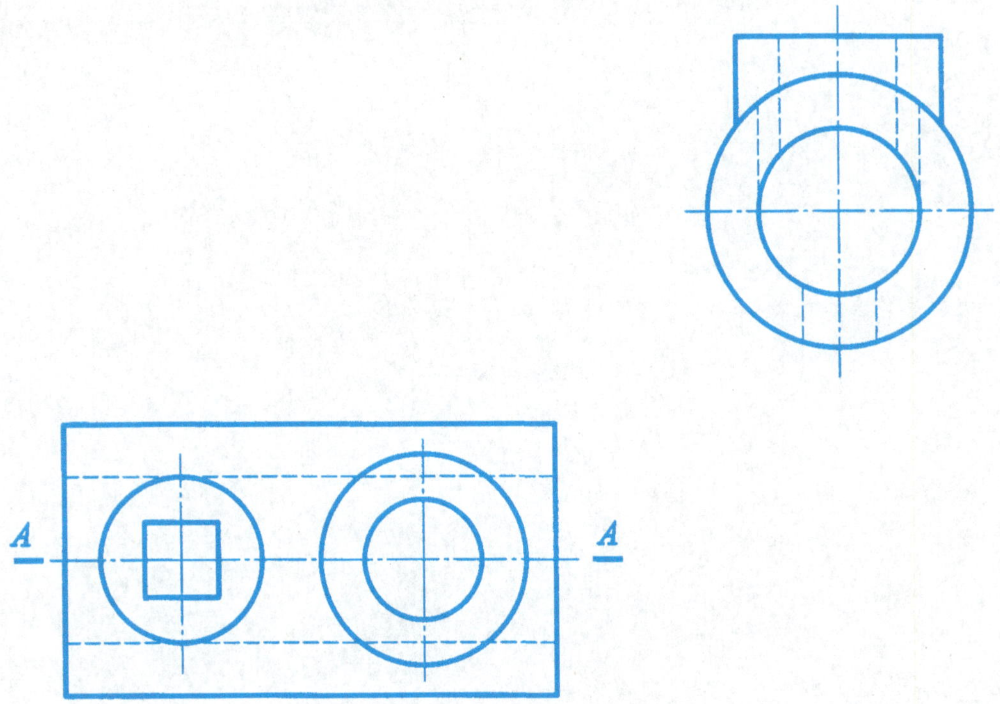

9－13　补全主视图中所缺的图线。

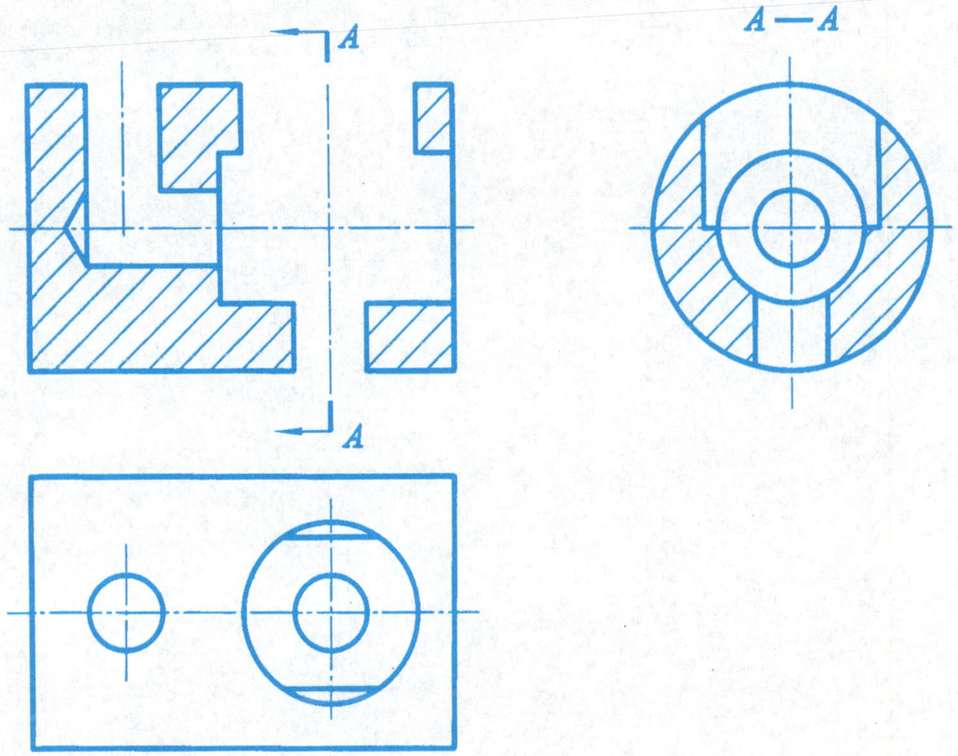

9－14 作 *A*—*A* 剖视，并在主视图上作局部剖视。

(1)

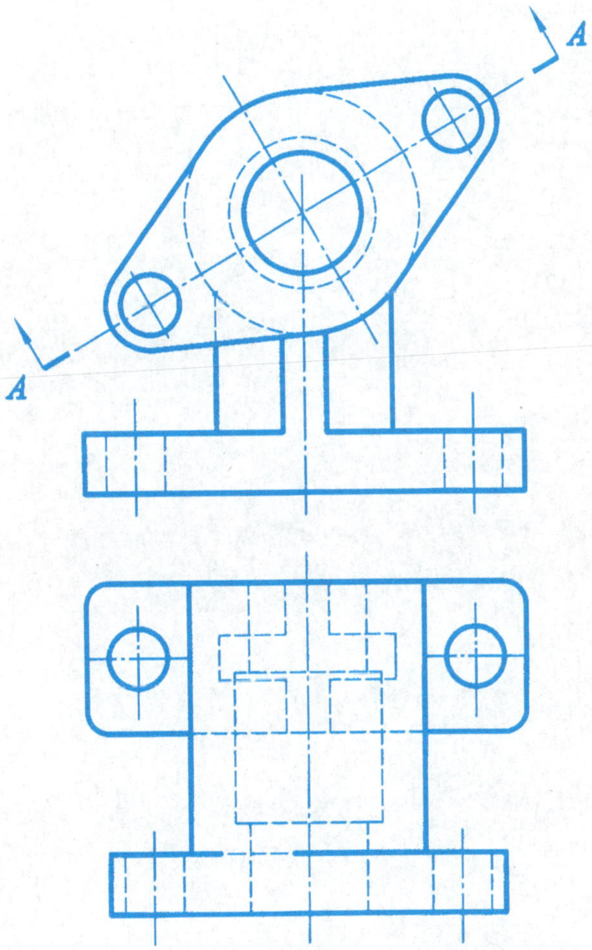

(2)

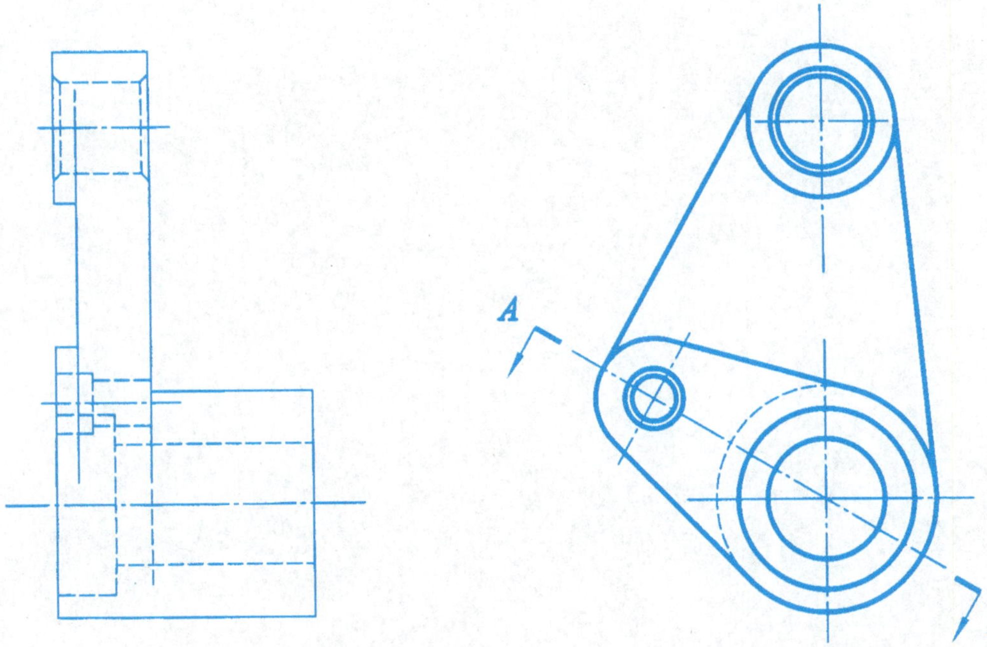

9－15　作一组平行剖切平面剖出的主视图并标注。

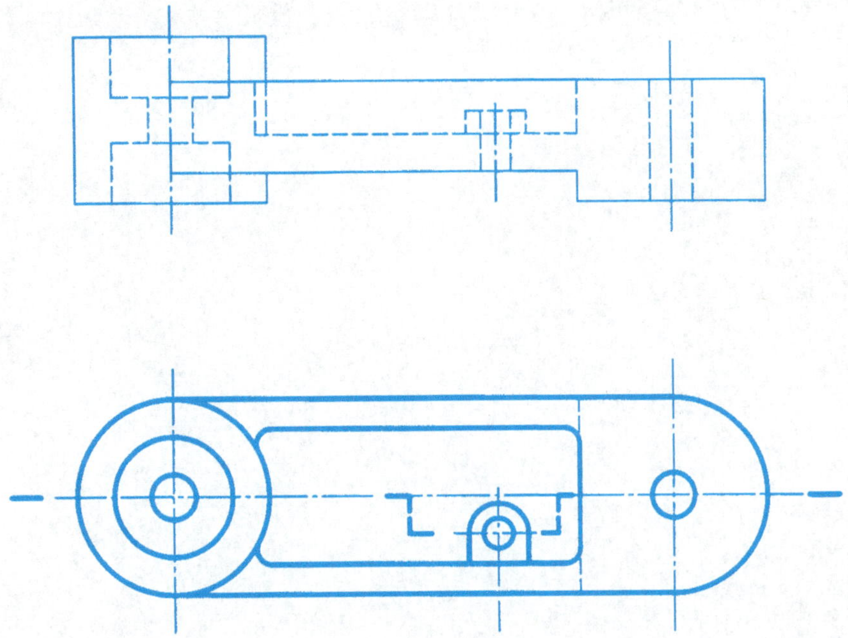

9－16　补画一组平行剖切平面剖出的俯视图并标注。

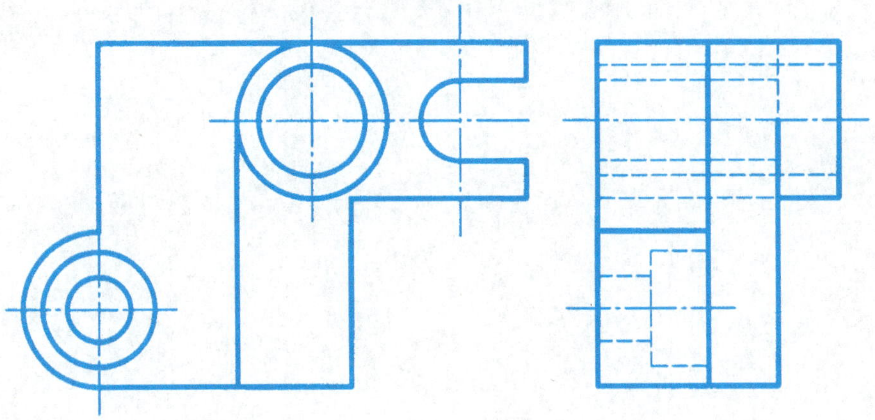

9－17　在主视图上作 *A*—*A* 剖视。

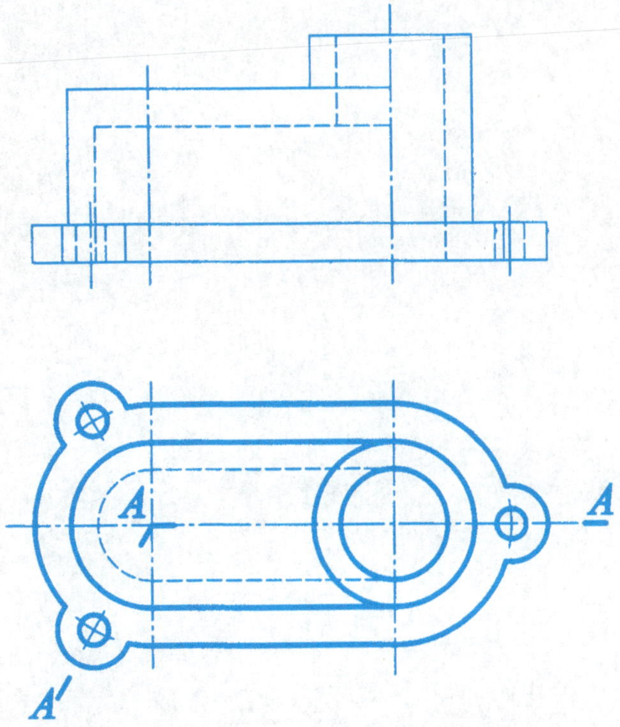

9－18　在主视图上作 *A*—*A* 剖视。

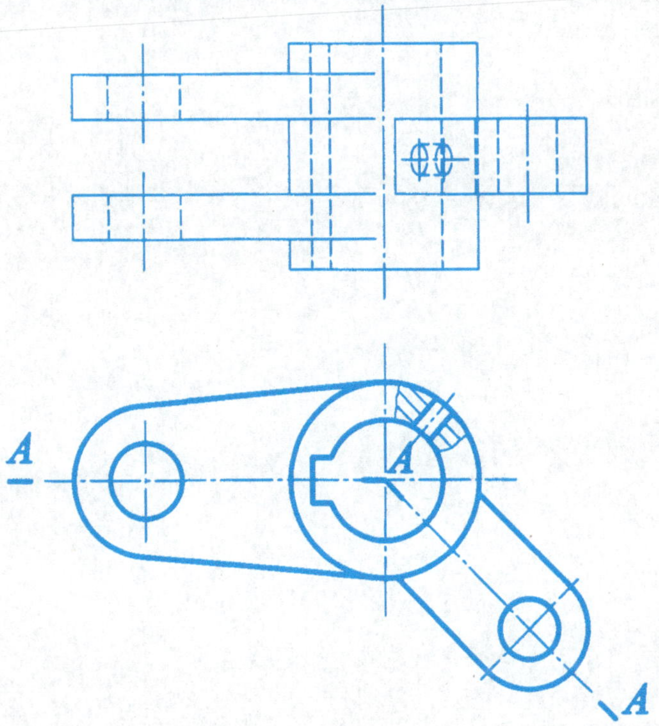

9－19　在左视图上作 *A*—*A* 剖视。

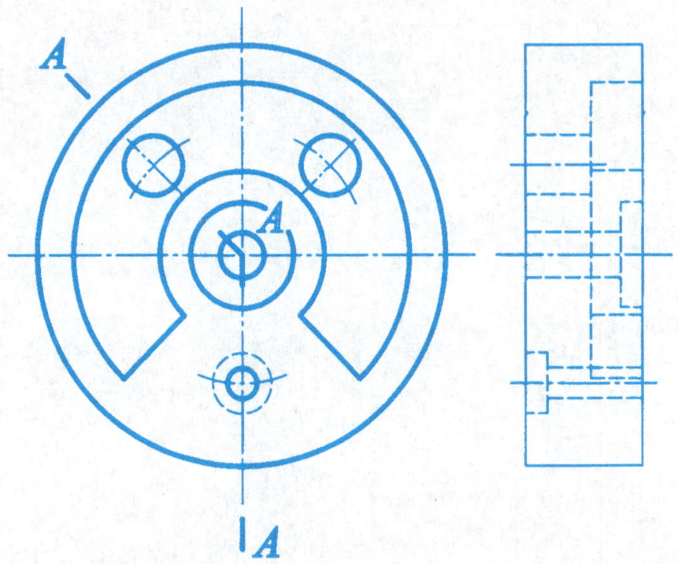

9－20　画出主视图的外形图。

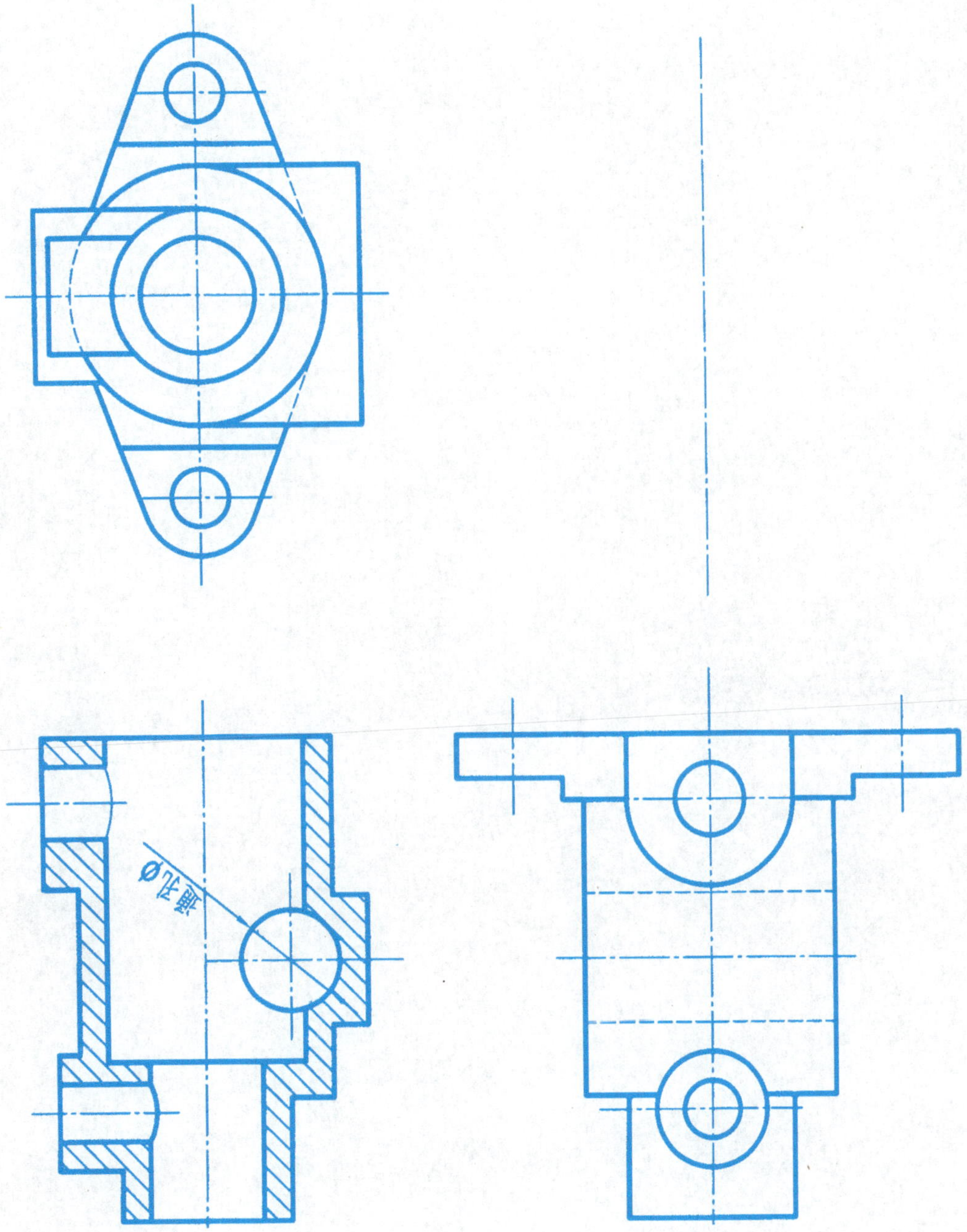

9－21　画出主视图的外形图。

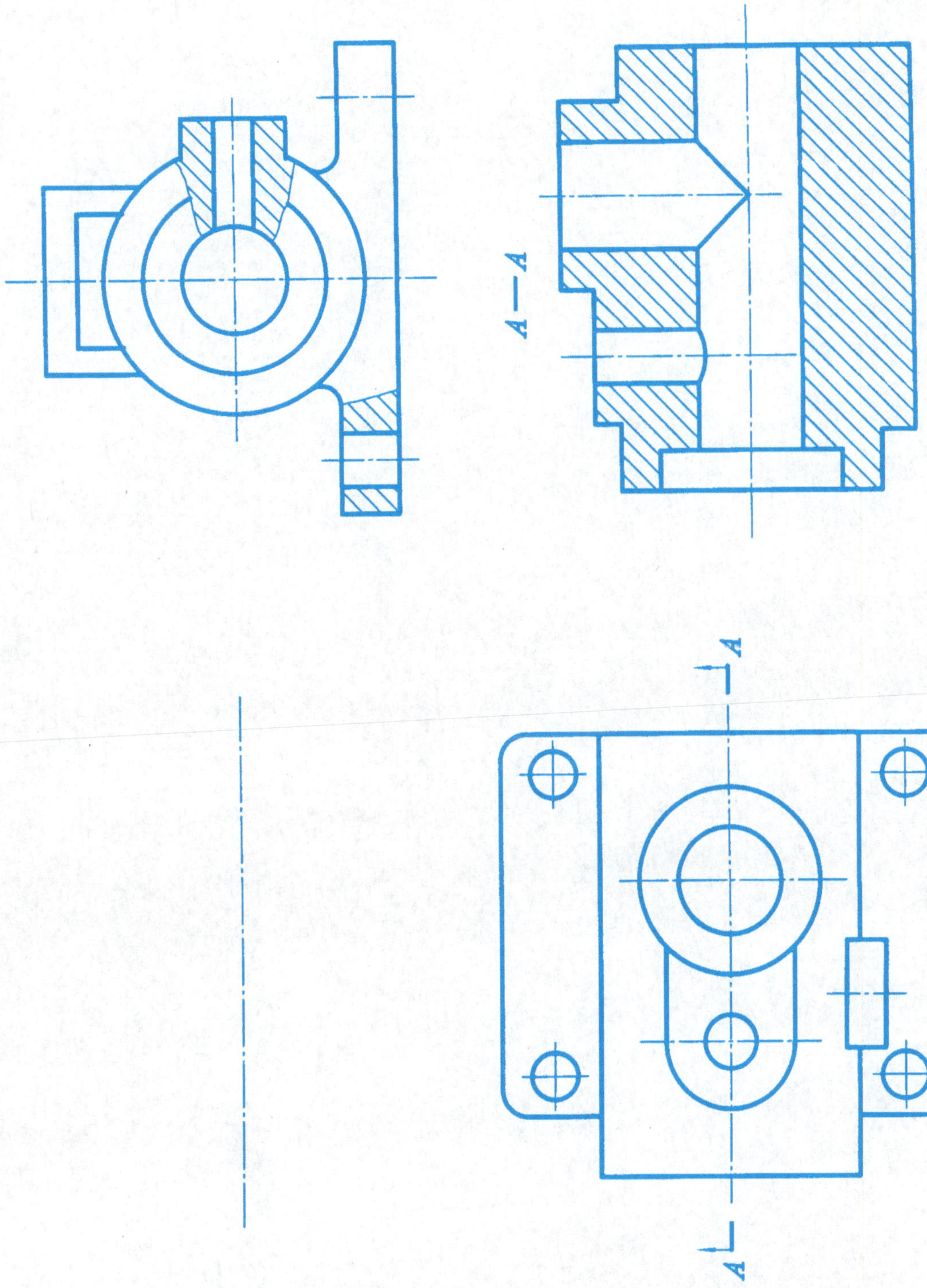

9－22　主视图以波浪线为界作局部剖视，并作 *A*—*A*、*B*—*B* 移出断面图。

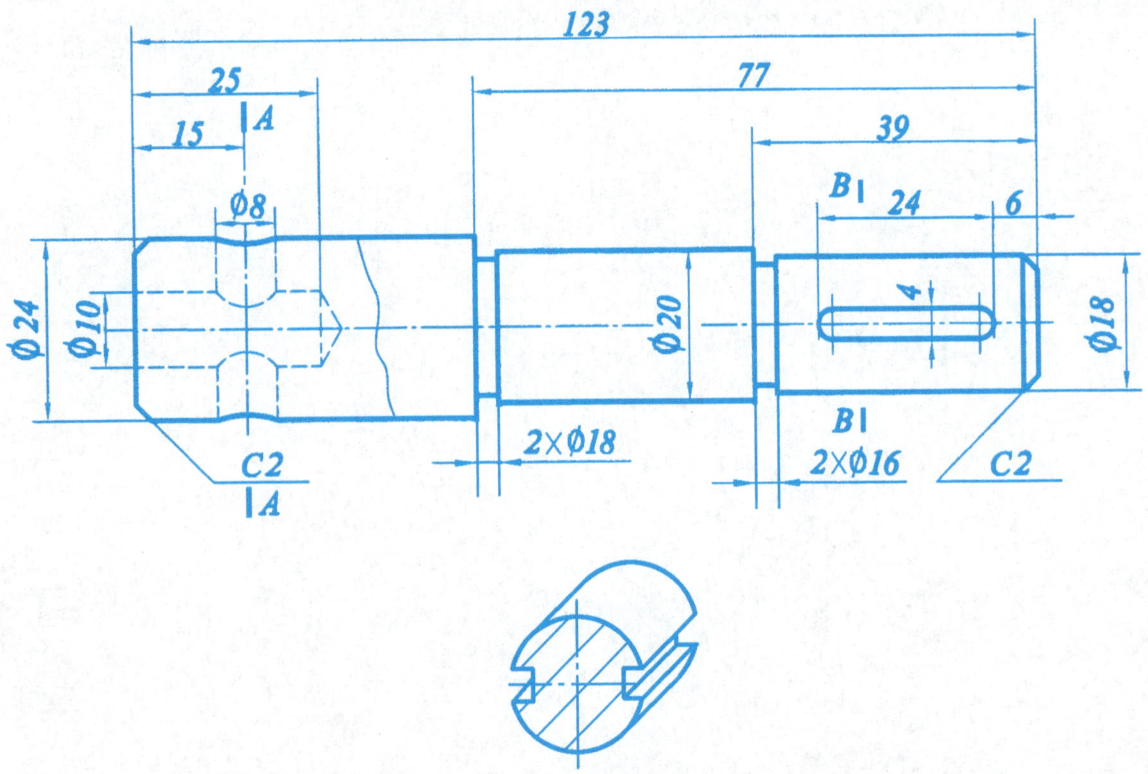

9－23　作 *A*—*A*、*B*—*B* 断面图。

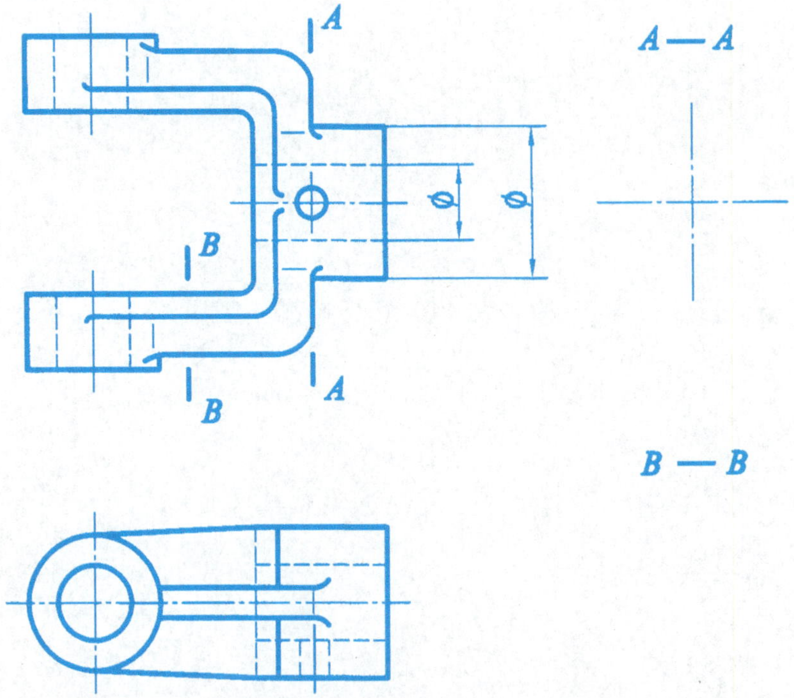

9－24　作 *A*—*A* 断面图。

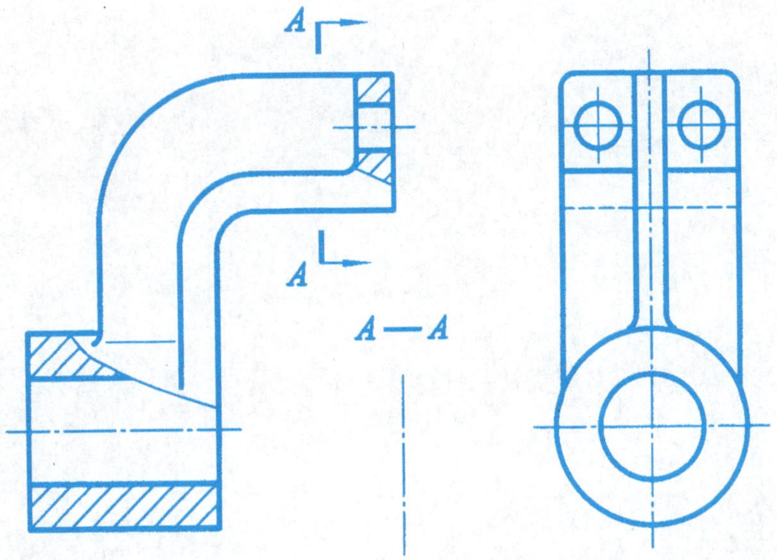

9－25　作肋板的重合断面图。

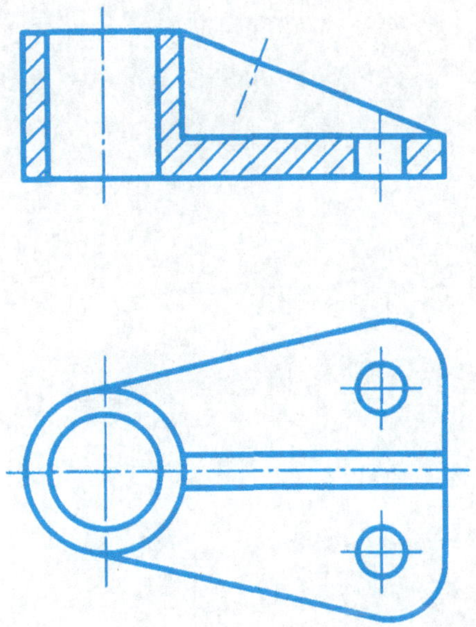

9－26　作肋板的移出断面图。

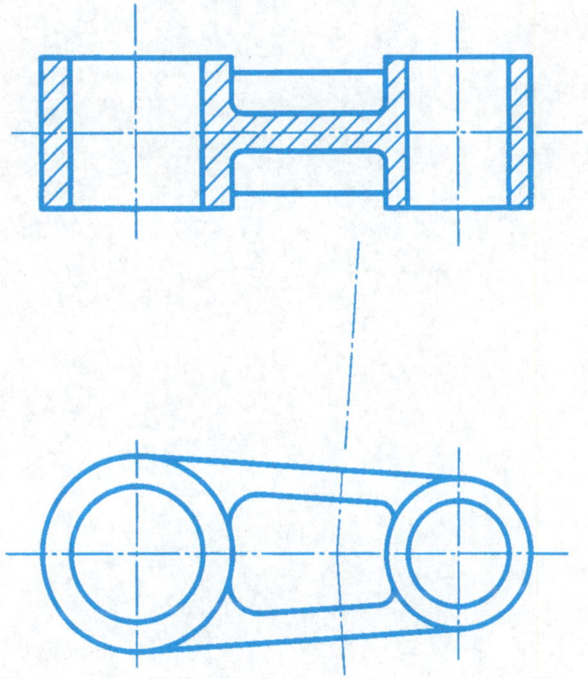

9-27 将主视图作全剖视，求出左视图并作适当剖视。

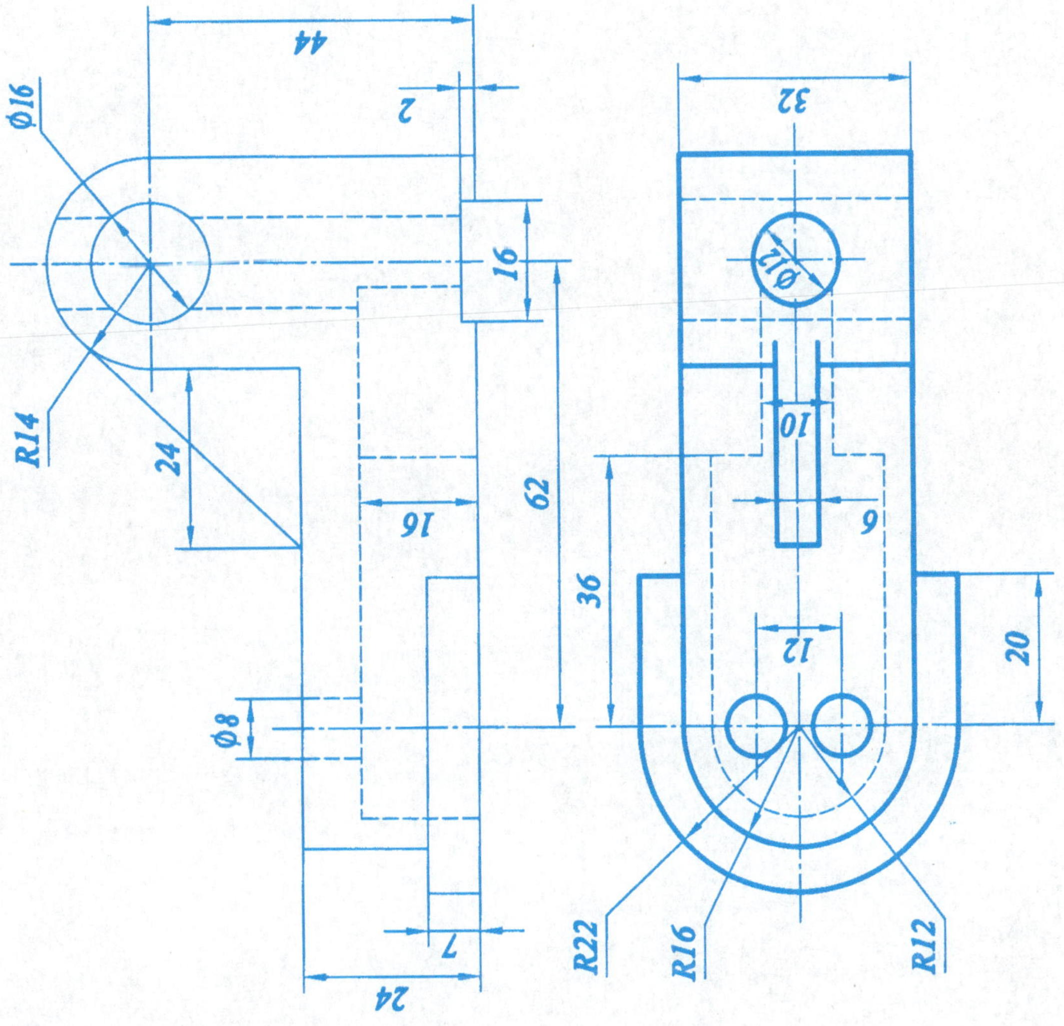

9-28 画出左视图，并将主、左视图作适当剖视。

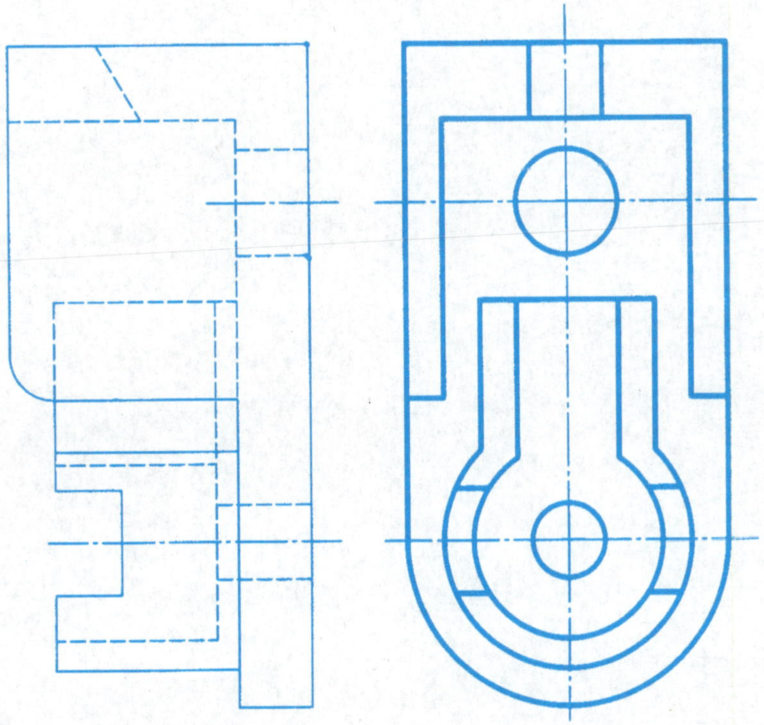

9－29　根据主、俯视图，求左视图并作 A—A 半剖视。

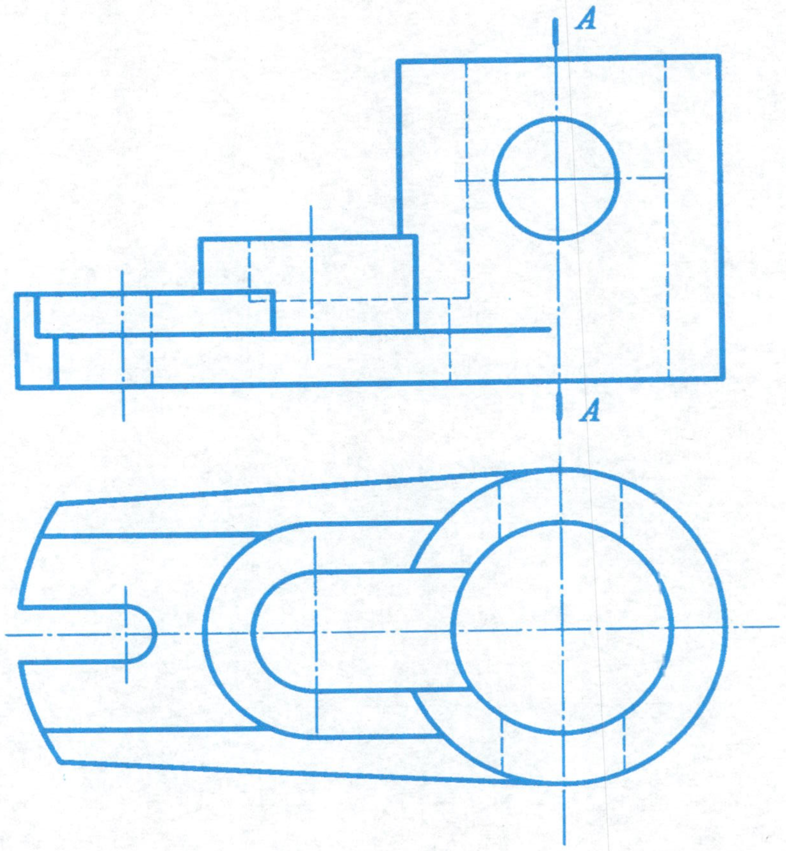

A—A

9－30　补全左视图（全剖视），求俯视图并作 A—A 半剖视。

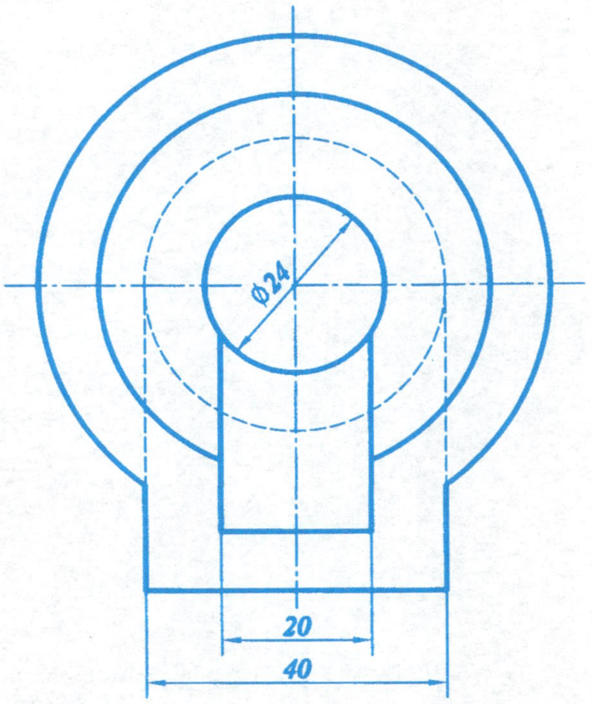

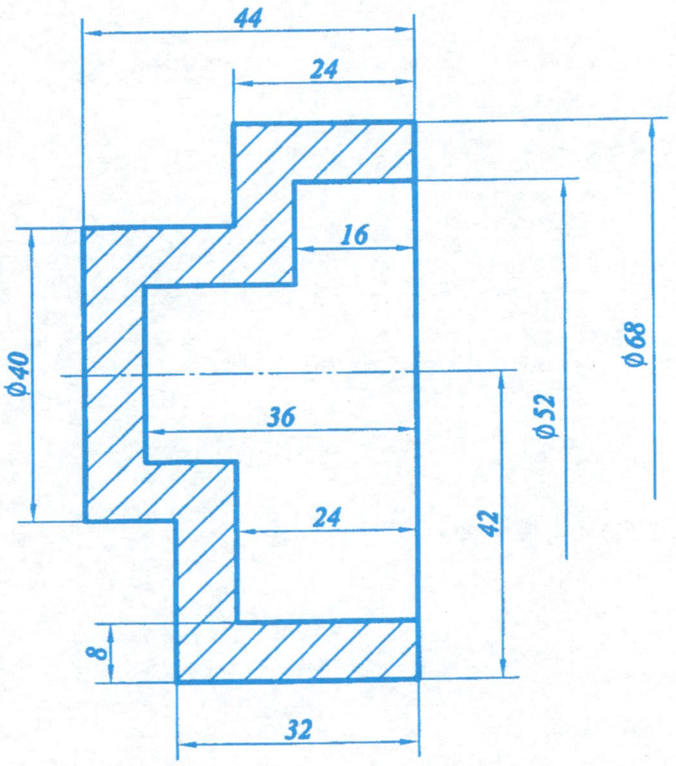

10－1　回答下列问题，并在相应图上分别标出内、外螺纹的尺寸。

(1) a. 内外螺纹旋合时，需要_____、_____、_____、_____、_____等五要素相同。

b. 不论内螺纹或是外螺纹，螺纹的代号及尺寸均应注在螺纹的_____径上；但管螺纹用_____标注。

c. 标准螺纹的_____、_____、_____都要符合国家标准，常用的标准螺纹有__________
____

(2)

M16－6g 表示______________________________螺纹。

M16－5H 表示______________________________螺纹。

(3)

M16×1.5－5g6g－S 表示______________________________螺纹。

M16×1.5－6H 表示______________________________螺纹。

(4)

Tr32×12（P6）－7e 表示_____为 32mm，_____为 12mm，____线，____旋，____级精度的____螺纹。

(5)

B120×18（P6）LH 表示_____为 120mm，____为 6mm 的____线，____旋____螺纹。

(6)

特 M16×1.55 是_____螺纹，其____、____符合国家标准规定，但____不符合国标规定。

(7)

G1 表示管子的_____是 1in，查表知其螺纹大径为_____，螺距是____，每英寸_____牙。

(8)　比例 1:1

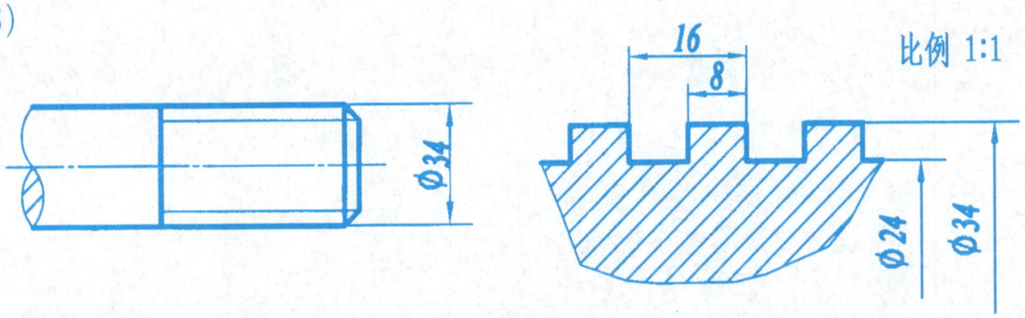

非标准螺纹的____不符合国标规定，画图时应画出_____，并注出螺纹的______。

10－2 圈出下列题（1）～（4）中的错误，在空白处画出正确的图形，在指定位置画出（5）的指定剖面。

(1)

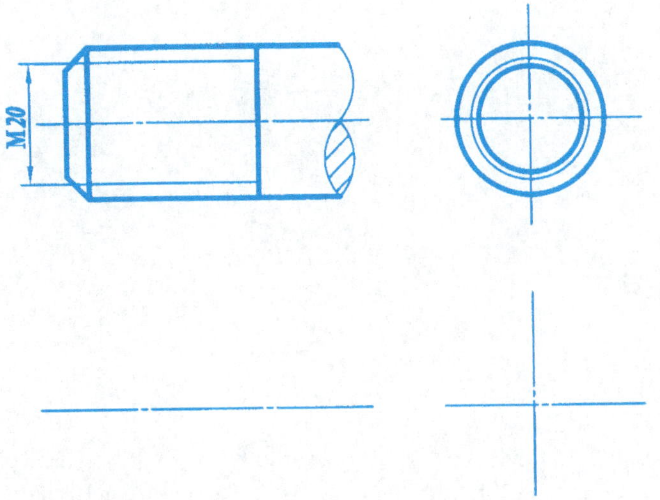

(2)

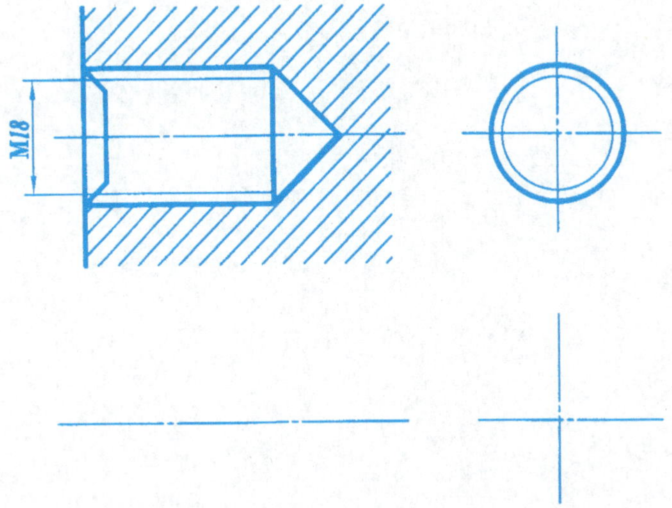

(3)

(4)

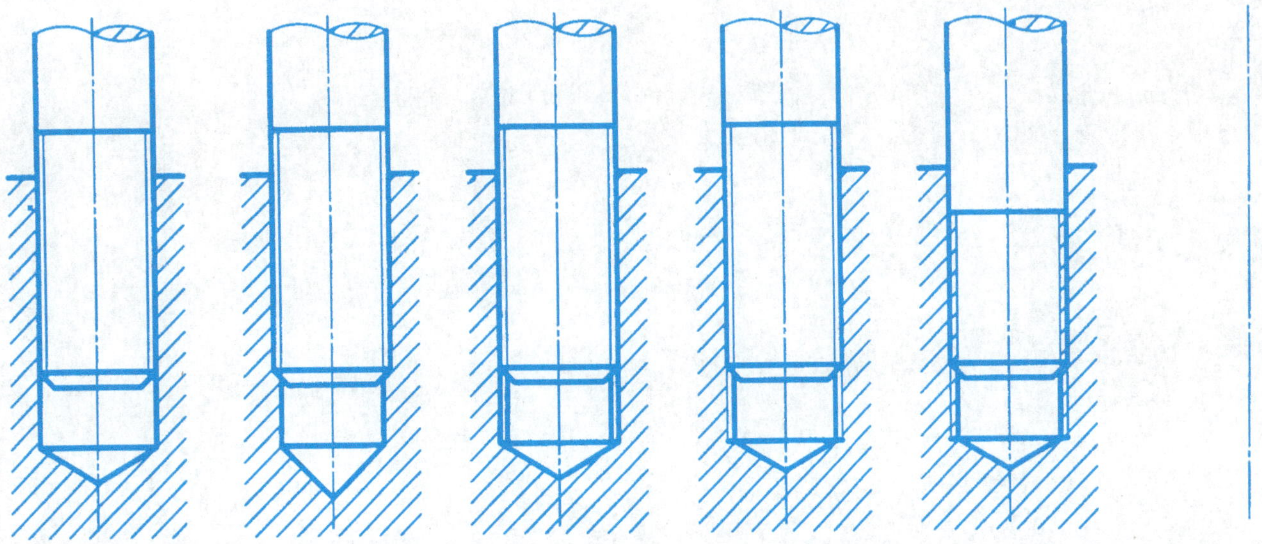

(5)

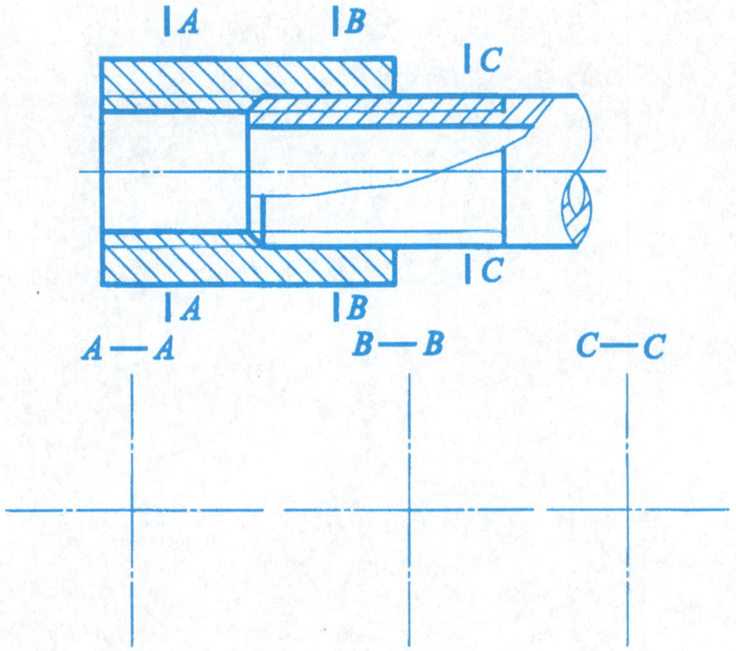

10－3　画出两板的螺栓联接图。

已知：两板厚 $d_1 = d_2 = 20$mm，板长 64mm，宽 50mm；

螺栓　GB/T 5782　M20 × *L*（*L* 计算后取标准值）；

螺母　GB/T 6170　M20；

垫圈　GB/T 97.1　20。

要求：按比例 1:1 画出螺栓装配图的三视图（主视图作全剖视）。

10－4　找出左边双头螺柱联接装配图中的错误，在右边画出正确的联接图（主视图画成全剖视图）。

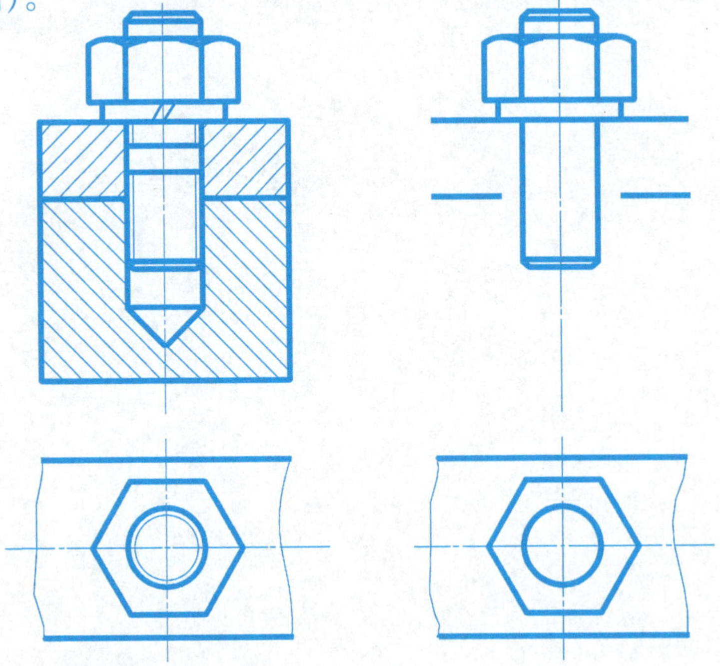

10－5　画出零件的螺钉联接图。

已知：上板厚 $d_1 = 8$mm，下板厚 $d_2 = 32$mm，材料为铸铁；螺钉　GB/T 68　M10 × *L*（*L* 计算后取标准值）。

要求：按比例 1:1 画出螺钉装配图的两个视图（主视图作全剖视）。

10－6　读图，了解旋钮的结构，完成俯视图与 *A* 向视图。

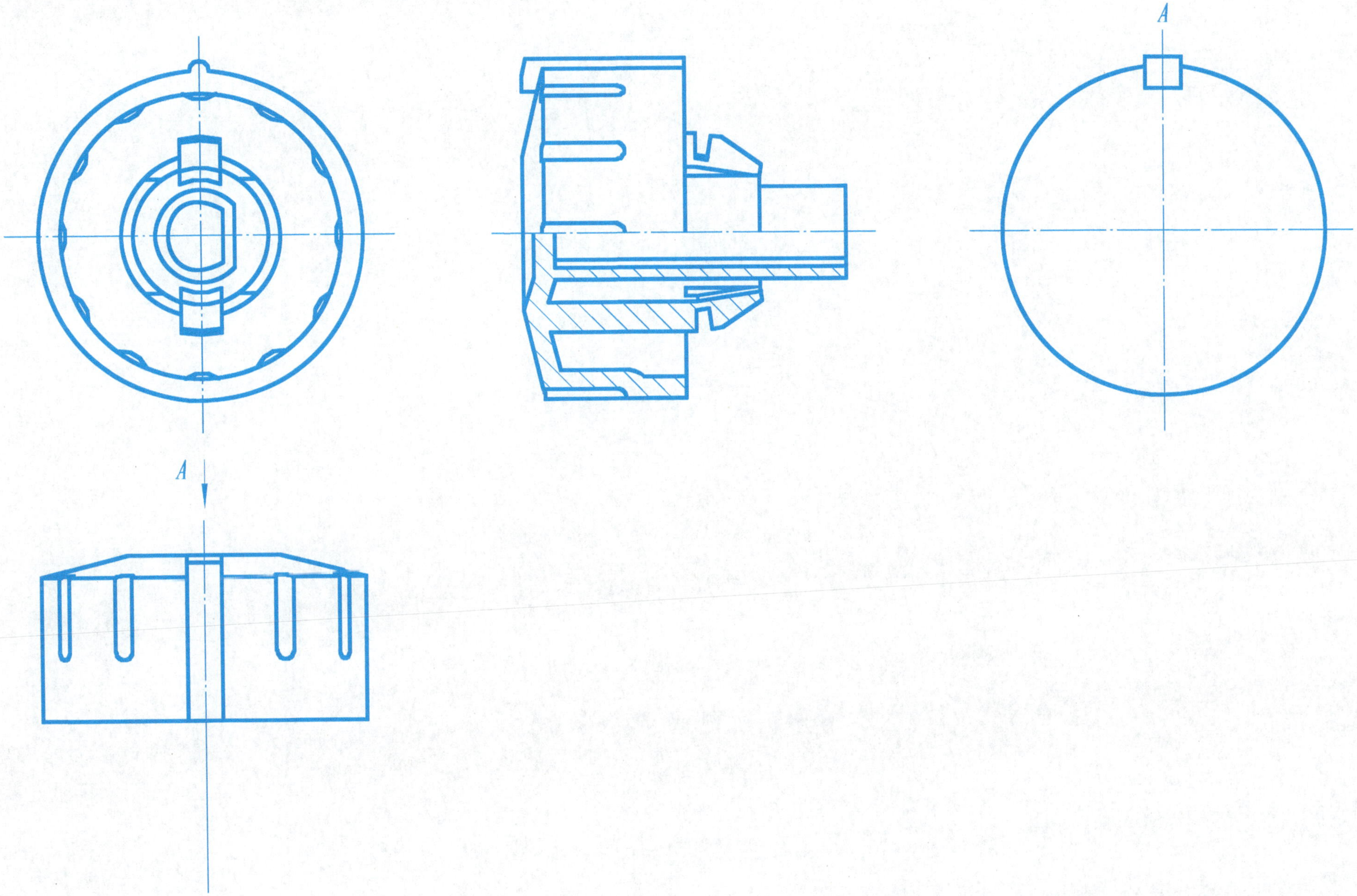

绘图		旋钮	材料	塑料粉
班级			数量	
学号			比例	1:1
审核			图号	

10－7　看懂电容器座架的零件图，并画出其后视图及 $D—D$ 全剖视图。

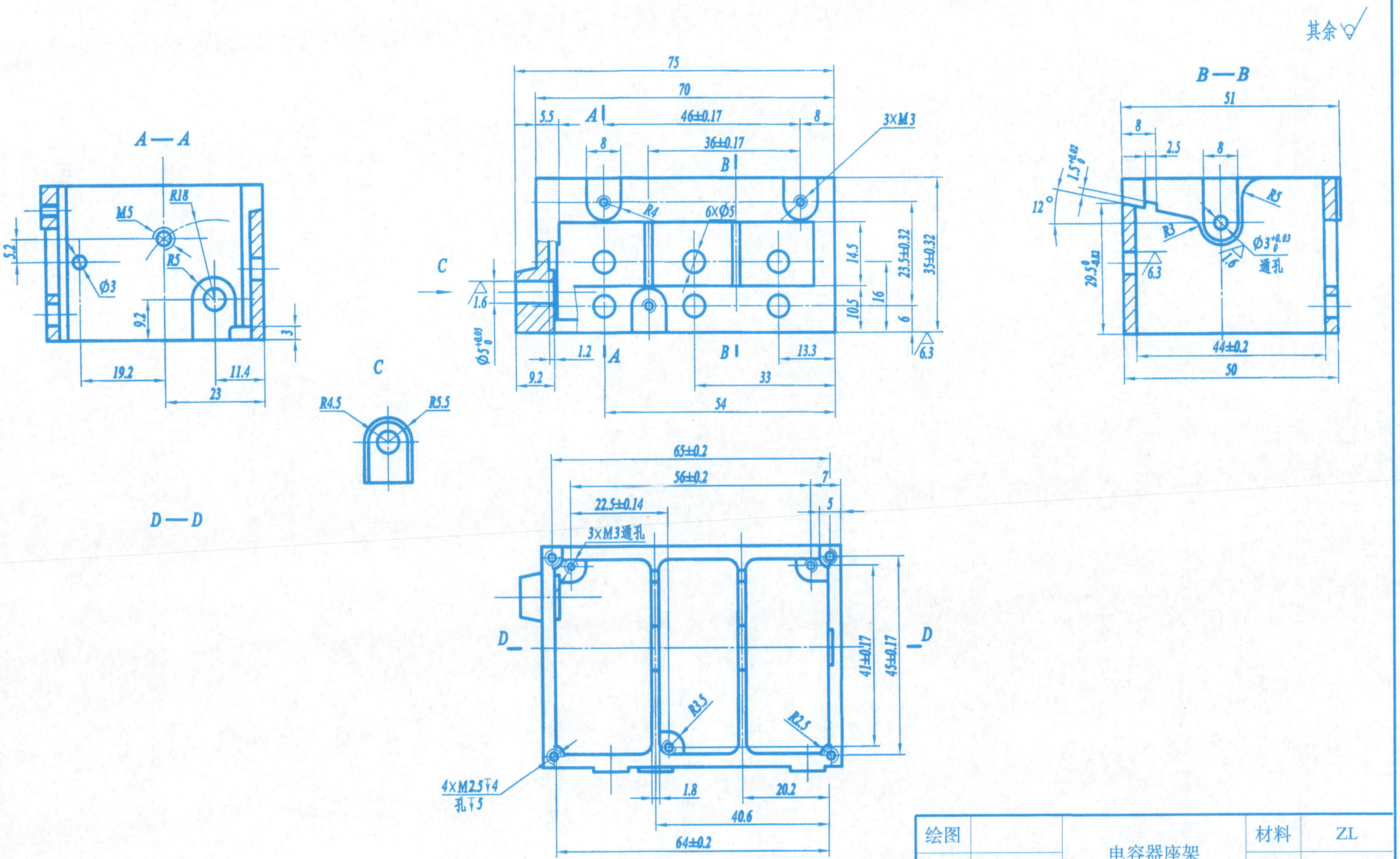

技术要求

座架四周要求壁厚均匀，公差为0.2

绘图		电容器座架	材料	ZL
班级			数量	
学号		（校名）	比例	1:1
审核			图号	

10－8　画托架的展开图。

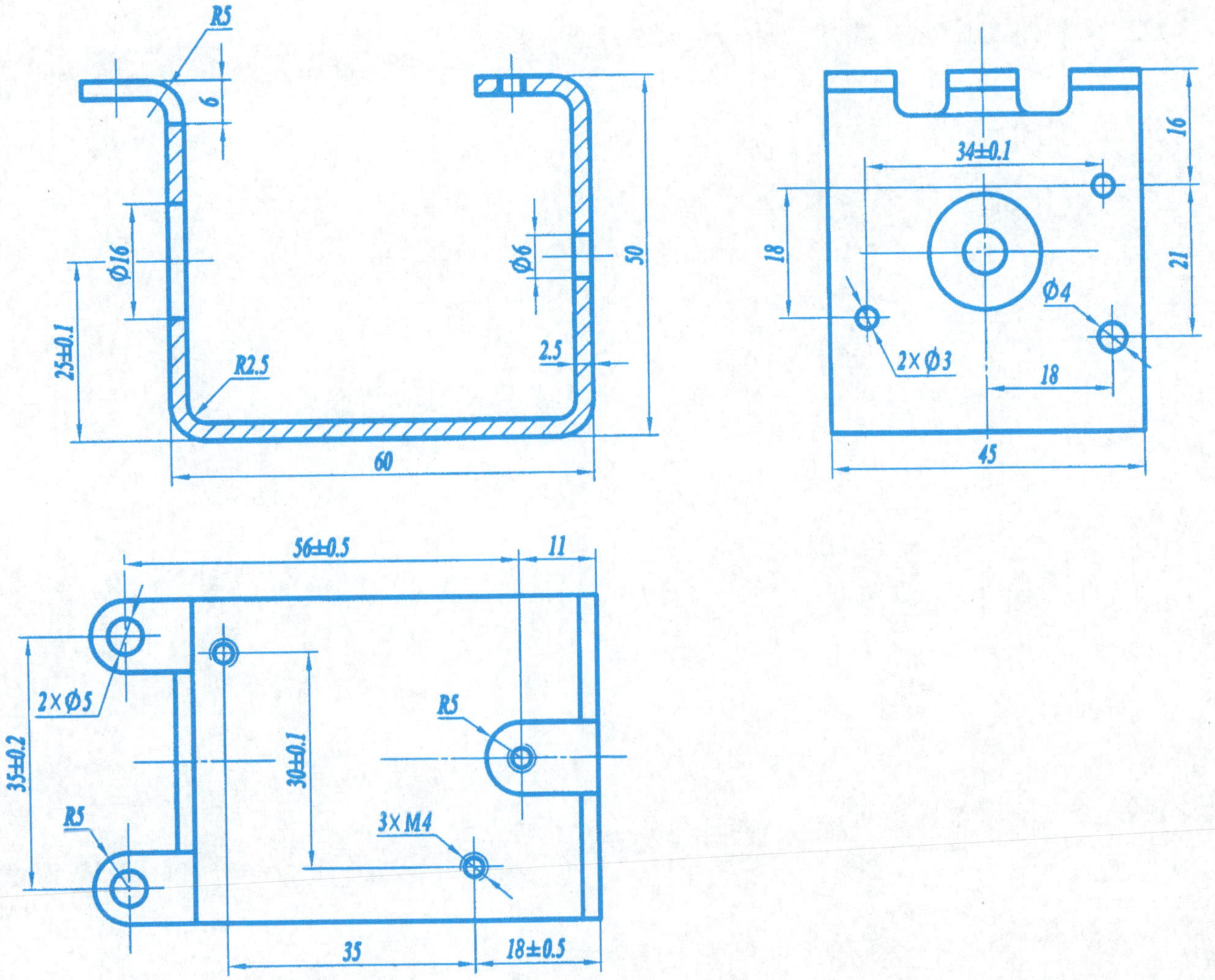

技术要求

1. 表面镀锌钝化
2. 未注圆角R1.5~R2

绘图		托架	材料	08F
班级			数量	
学号		（校名）	比例	1:1
审核			图号	

10－9　读图，回答问题并根据要求标注尺寸。

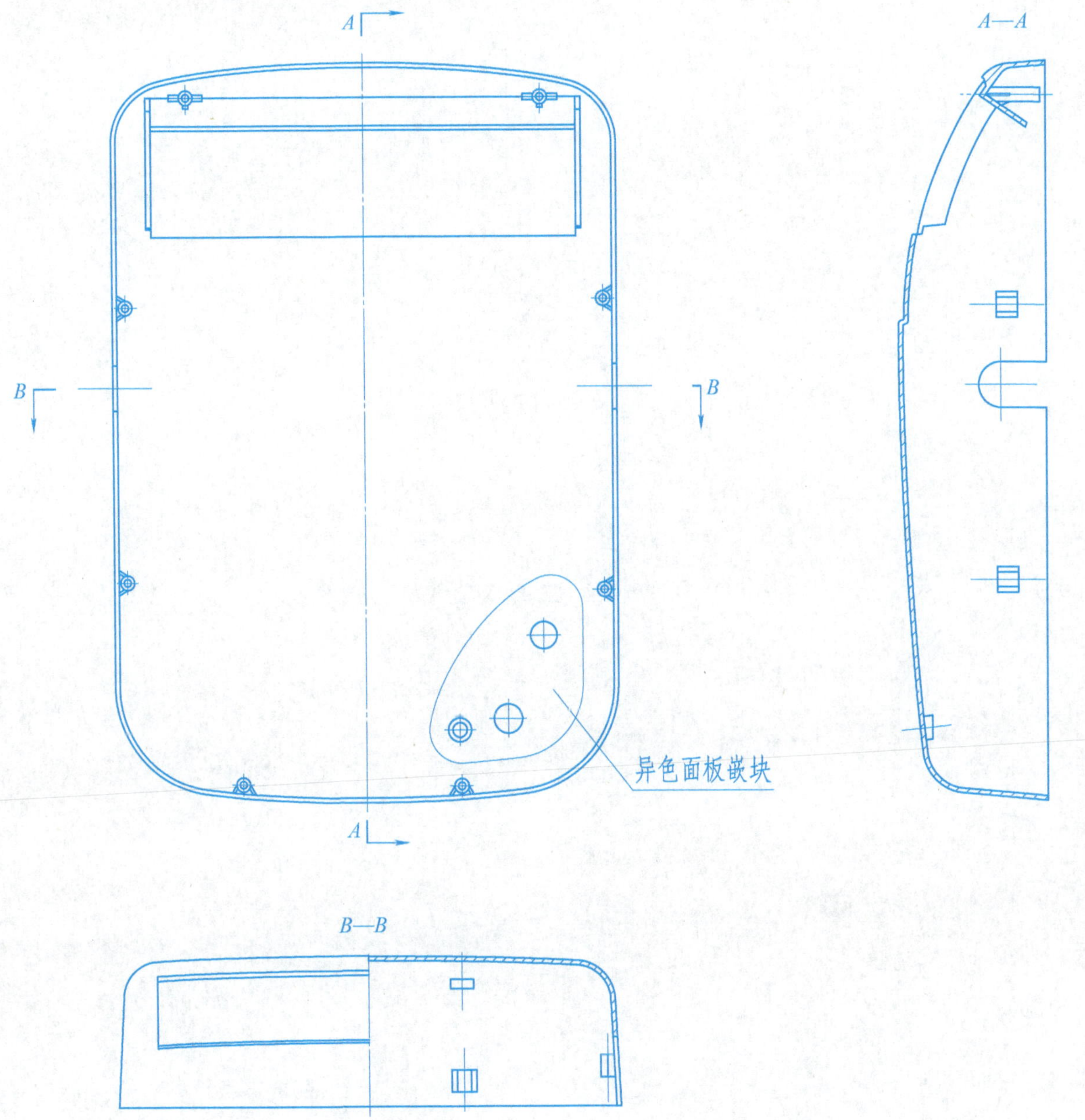

1. 该零件图中，左视图为________，俯视图为____________。
2. 为了表达右下角的面板结构，最好应增加____________，据此，请在相应的位置画出。
对于面板的曲线轮廓，可以采用____________方法表达。
3. 根据视图给出的相关本罩壳结构的曲面特征，要准确描述之，应采用________的表达方法。
4. 根据已知视图注明尺寸标注基准。
5. 根据罩壳的结构特征，标注相关形态与结构的主要尺寸。
6. 局部放大图可用于表达细小结构。请将宜采用局部放大图表达的细小结构部分圈出。

绘图		暖风机罩壳	材料	08F
班级			数量	
学号			比例	1:5
审核			图号	

10－10　读部件的装配图，并完成以下工作：

部件名称：水龙头

1. 水龙头是安装在水管上的开关。它是由件1______、件2______、件3______、件4______装配成的。
2. 主视图采用的____剖视，左视图是____剖视，B—B叫______，A—A叫____，俯视图中的双点画线是______。
3. 水龙头以____的外锥面与____的锥孔相配，用挡圈挡住塞子，螺母与塞子采用螺纹联接，其螺纹直径为______。
4. 塞子的中部是____孔，柄部是____断面。
5. 尺寸G3/8表示________，它的螺纹外径是________，管子孔径是____。
6. 说明水龙头的零件拆卸顺序。
7. 看水龙头的全部零件图，详细了解各零件的形状、尺寸、制造要求。
8. 拆画零件1龙头座的零件图。

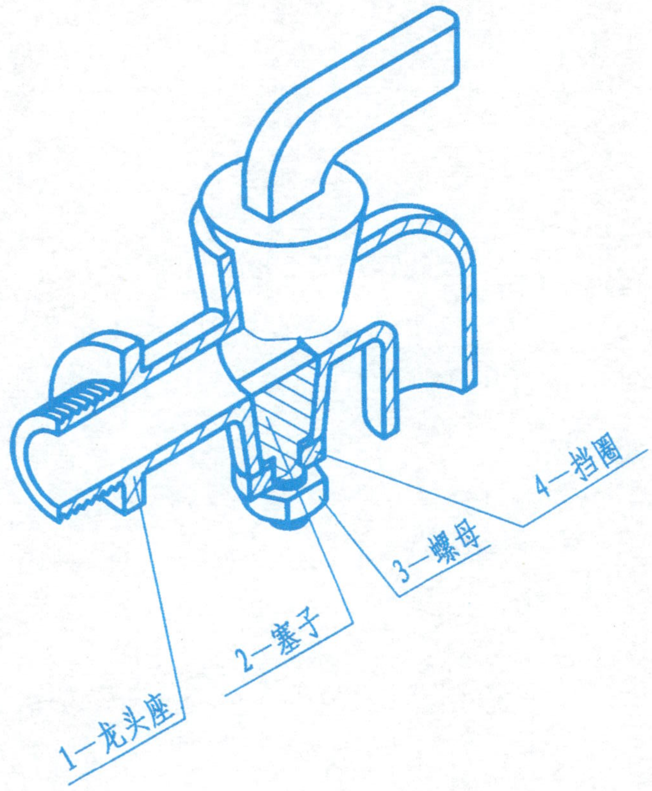

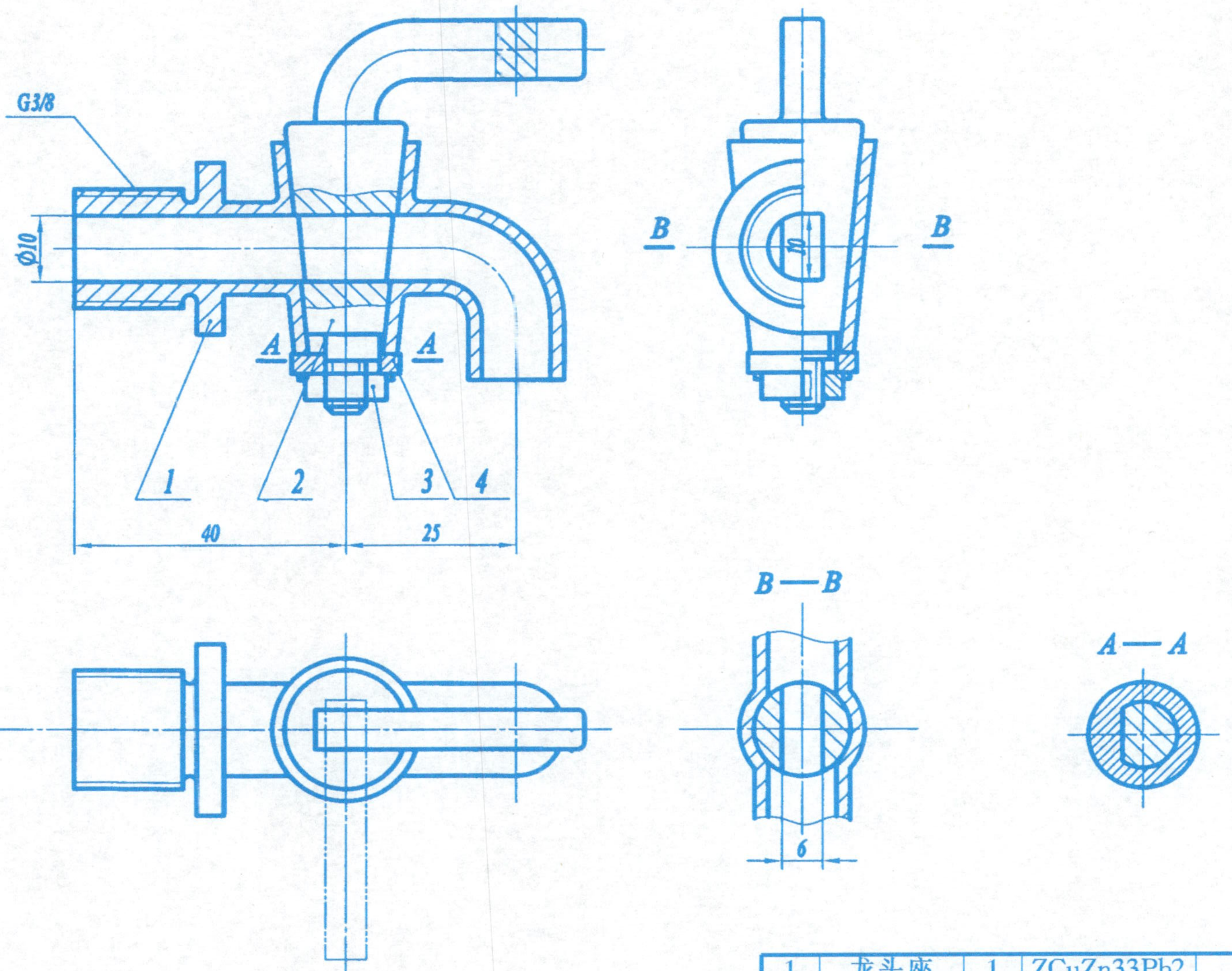

件1龙头座与件2塞子须配合研磨，保证不漏水。

4	挡圈	1	ZCuZn33Pb2	
3	螺母	1		GB/T 6170—2000　M6
2	塞子	1	ZCuZn33Pb2	
1	龙头座	1	ZCuZn33Pb2	
序号	名称	数量	材料	备注

设计	水龙头	重量	
制图		数量	1
描图	（校名）	比例	1:1
审核		图号	

绘图		龙头座	材料	ZCuZn33Pb2
班级			数量	1
学号		（校名）	比例	1:1
审核			图号	

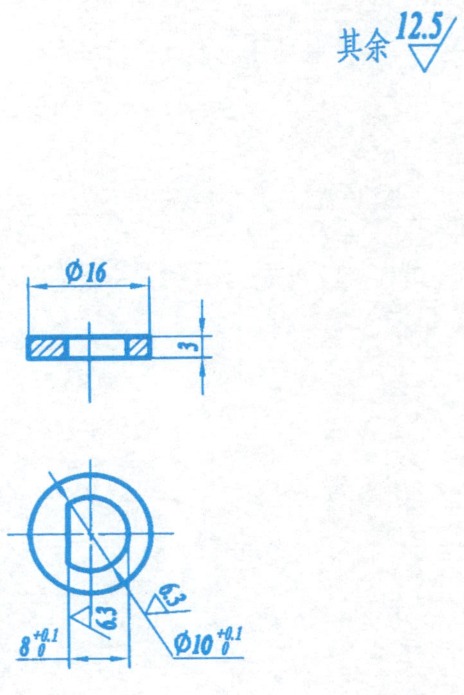

绘图		挡圈	材料	ZCuZn33Pb2
班级			数量	1
学号		（校名）	比例	1:1
审核			图号	

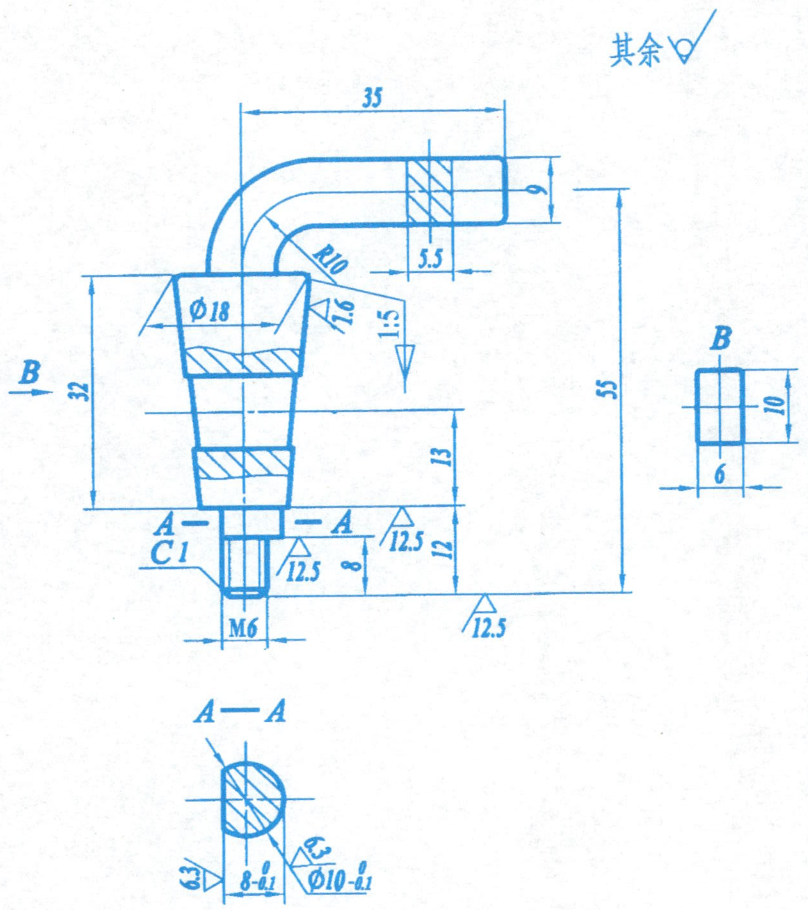

绘图		塞子	材料	ZCuZn33Pb2
班级			数量	1
学号		（校名）	比例	1:1
审核			图号	

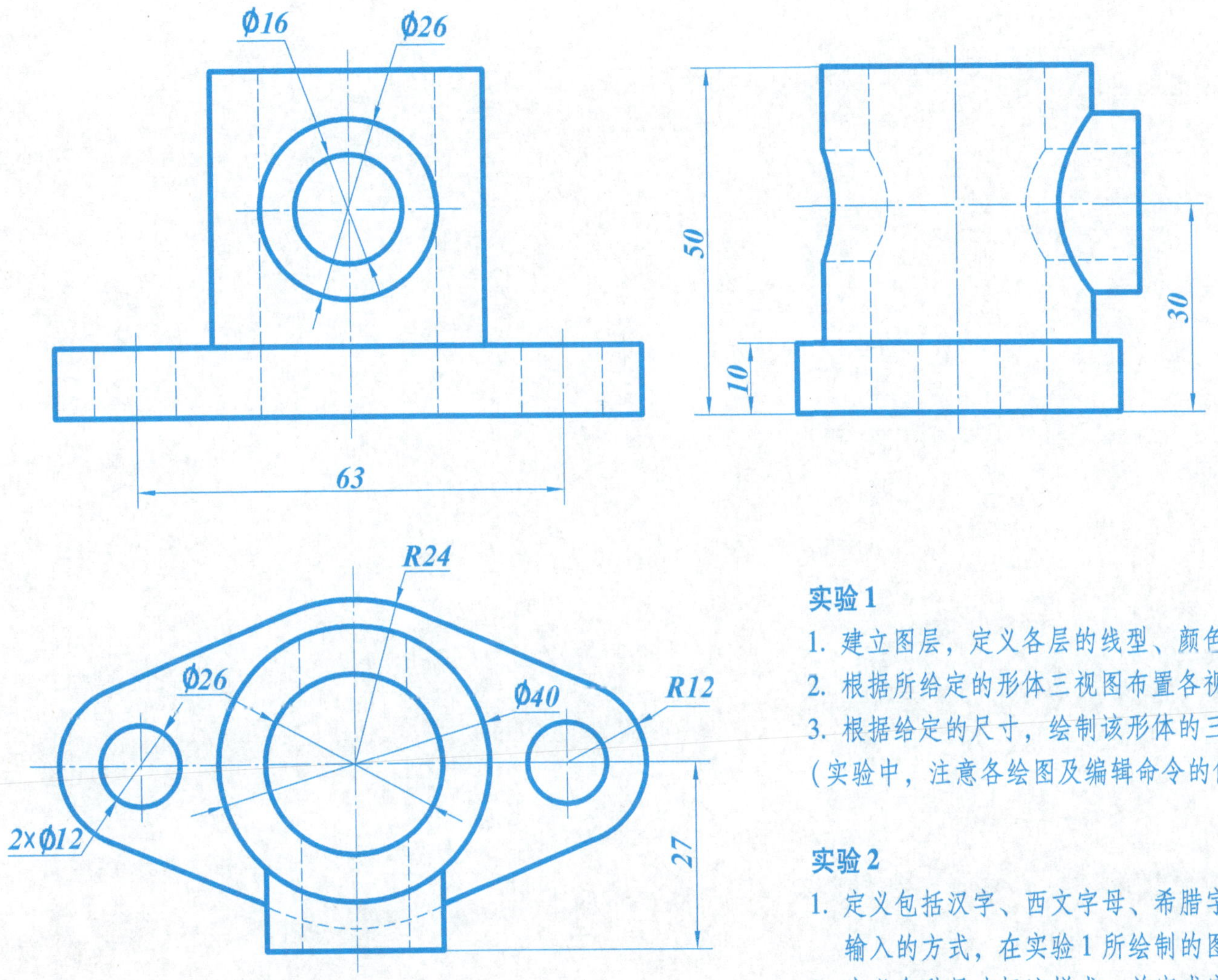

实验 1

1. 建立图层，定义各层的线型、颜色与线宽。
2. 根据所给定的形体三视图布置各视图在图面上的相互位置。
3. 根据给定的尺寸，绘制该形体的三视图。

（实验中，注意各绘图及编辑命令的使用。）

实验 2

1. 定义包括汉字、西文字母、希腊字母在内的文字样式，并分别采用单行文字、多行文字输入的方式，在实验 1 所绘制的图形旁输入本页面内所有文字。
2. 定义各种尺寸标注样式，并完成实验 1 所绘制图形的尺寸标注。

实验 3

绘制该三视图所对应形体的正等轴测图，注意各面内正等轴测圆的绘图方法。

实验 4

利用 AutoCAD 所提供的三维功能，建立形体的三维模型。

参考文献

[1] 孙家广，等. 计算机图形学 [M]. 北京：清华大学出版社，1995.
[2] 骆继如，等. 画法几何及工程制图 [M]. 南京：江苏人民出版社，1989.
[3] 张忠忠，等. 微机二、三维图形和动画程序设计 [M]. 北京：清华大学出版社，1996.
[4] 钱志峰，等. 工程图学基础教程 [M]. 北京：科学出版社，2001.
[5] 侯洪生，等. 机械工程图学 [M]. 北京：科学出版社，2001.
[6] 同济大学建筑制图教研室. 画法几何 [M]. 上海：同济大学出版社，1996.
[7] 杨敢新. 阴影透视 [M]. 南京：南京理工大学出版社，1994.
[8] 同济大学、上海交通大学等院校《机械制图》编写组编. 机械制图 [M]. 3 版. 北京：高等教育出版社，1986.
[9] 段齐骏. 机械设计与制图 [M]. 北京：兵器工业出版社，2000.
[10] 何铭新，钱可强. 机械制图 [M]. 北京：高等教育出版社，1997.
[11] 大连工学院工程画教研室. 机械制图 [M]. 3 版. 北京：高等教育出版社，1974.
[12] 邹宜侯，窦墨林. 机械制图 [M]. 北京：清华大学出版社，1984.
[13] 范思冲. 画法几何及机械制图 [M]. 北京：机械工业出版社，1996.
[14] 许松照. 画法几何与阴影透视 [M]. 北京：中国建筑工业出版社，1979.
[15] 辛华泉，程建新. 效果图表现技法 [M]. 上海：上海交通大学出版社，1988.
[16] 黄邦彦. 现代设计方法基础 [M]. 北京：中国人民大学出版社，2001.
[17] 洪钟德. 现代工程技术图形学 [M]. 武汉：华东理工大学出版社，1999.
[18] 焦永和，齐信民. 画法几何及工程制图 [M]. 北京：北京理工大学出版社，1999.
[19] 李芳洁，吴应江. 工程制图 [M]. 北京：电子工业出版社，1990.
[20] 王颖. 现代工程制图 [M]. 北京：北京航空航天大学出版社，2000.
[21] 温文炯. 画法几何及工程制图 [M]. 武汉：华南理工大学出版社，2001.
[22] 孔宪庶，池建斌，曾明华. 画法几何与机械制图 [M]. 北京：中国铁道出版社，2000.
[23] 李理，周琴. 设计图学习题集 [M]. 北京：化学工业出版社，2006.

设计图学习题集　第2版

（段齐骏主编）

读者信息反馈表

尊敬的老师：

您好！感谢您多年来对机械工业出版社的支持和厚爱！为了进一步提高我社教材的出版质量，更好地为我国高等教育发展服务，欢迎您对我社的教材多提宝贵意见和建议。另外，如果您在教学中选用了本书，欢迎您对本书提出修改建议和意见。

一、基本信息

姓名：__________ 性别：________ 职称：_________ 职务：__________

邮编：__________ 地址：____

任教课程：________________ 电话：________—________（H）________（O）

电子邮件：______________________________ 手机：_______________

二、您对本书的意见和建议

（欢迎您指出本书的疏误之处）

三、您对我们的其他意见和建议

请与我们联系：

100037　北京百万庄大街22号·机械工业出版社·高等教育分社　冯春生　收

Tel：010—8837 9715（O），6899 4030（Fax）

E-mail：fcs8888@163. com